# Komplexe Produkte
# agil und wertorientiert entwickeln

Harald M. Grundner-innoVAVE

*Kombination der Methode Wertanalyse und agiler Methoden zur Entwicklung Komplexer Produkte.*

Bibliografische Information der Deutschen Nationalbibliothek:

Die Deutsche Nationalbibliothek verzeichnet diese Publikation

in der Deutschen Nationalbibliografie; detaillierte

bibliografische Daten sind im Internet über http://dnb.dnb.de abrufbar.

© 2020 Harald Grundner

**Idee und Text**: Harald Grundner
**Herstellung und Verlag**: BoD – Books on Demand, Norderstedt

ISBN: 978-3-7526-2186-0

Kleingedrucktes:
Alle Rechte, insbesondere das Recht der Vervielfältigung und Verbreitung sowie der Übersetzung vorbehalten. Kein Teil des Werkes darf in irgendeiner Form (durch Fotokopie, Mikrofilm oder ein anderes Verfahren) ohne schriftliche Genehmigung des Verlages reproduziert oder unter Verwendung elektronischer Systeme verarbeitet oder verbreitet werden.

Alle in dieser Veröffentlichung enthaltenen Angaben, Ergebnisse usw. wurden vom Autor nach bestem Wissen erstellt und von unbeteiligten Fachleuten mit größtmöglicher Sorgfalt überprüft. Gleichwohl sind inhaltliche Fehler nicht vollständig auszuschließen. Daher erfolgen alle Angaben ohne jegliche Verpflichtung oder Garantie des Verlages oder des Autors. Sie garantieren oder haften nicht für etwaige inhaltliche Unrichtigkeiten (Produkthaftungsausschluss).

Printed in Germany

# Inhalt

*Hinweis - Begriffsbestimmung*
*Alle maskulinen Personen – und Funktionsbezeichnungen beziehen sich in gleicher Weise auf alle Geschlechter.*

*Produkt* umfasst Dienstleistung, Hardware, verfahrenstechnische Produkte, Software oder Kombinationen daraus. Ein Produkt kann materiell (z. B. Montageergebnisse, verfahrenstechnische Produkte) oder immateriell (z. B. Wissen oder Entwürfe) oder eine Kombination daraus sein.

# Gedanken

Der Wandel von Märkten und Technologien in den letzten Jahren hat die Produktgestaltung und die resultierenden Produkte nachhaltig verändert.

Aus Anbietermärkten, in denen die Kunden Produkte weitgehend ohne diese in Frage zu stellen kauften, wurden Nachfragemärkte mit kritischen Kunden, wurden Märkte, mit Kunden, die Wert auf Produkte, welche genau auf ihren Bedarf abgestimmt oder abstimmbar sind, legen.

Fahrzeuge, mechanische Meisterleistungen von gestern, werden zu teilvernetzten Verkehrsmitteln, entwickeln sich zu sich autonom bewegenden Informations- und Interaktionszentren auf Rädern mit Hülle. Uhren Meisterwerke der Feinwerktechnik, werden zu Kommunikationsmedien und entwickeln sich zu interaktiven Diagnoseplattformen von Vitalwerten und Nutzerverhalten.

Zukünftige Produkte kennzeichnet die stetig intensivere Kombination aus Mechanik und Elektrik/ Elektronik – *Robotik*-, der immer höhere Stellenwert von (Steuerungs-, Bedienungs-) Software - *Software überflügelt Hardware* - und die immer engere *Vernetzung von Wissen unterschiedlicher Fachbereiche*.

Komplizierte Herausforderungen, von einzelnen Experten zu bewältigen werden zu komplexen, nur iterativ durch das Zusammenwirken von Kunden und Kunden-Experten zu meisternden.

Das Denken **„Vom Kunden – Zum Kunden"** ist die grundlegende Anforderung an Entwicklungsprozesse Zukünftiger Produkte. Die Denkhaltung „Vom Kunden – Zum Kunden" erfordert, den Kunden mit seinen Anforderungen, Wünschen, Know-How, Fähigkeiten, aber auch Befürchtungen zum frühest-möglichen Zeitpunkt abzuholen, in den Entwicklungsprozess einzubinden und Entwicklungsstände gemeinsam mit ihm zu validieren. Unternehmen kommunizieren direkt oder indirekt mit dem Kunden, sammeln permanent Daten von den Nutzern ihrer, im Markt befindlichen Produkte und nutzen Wissen und Erfahrung der Kunden. Diese Basisdaten setzen sie ein für die Überarbeitung bestehender, für die Entwicklung neuer Features und verwenden diese kombiniert mit Marktinformationen und abgestützt auf Börsendaten als Entscheidungsgrundlage für Nachfolgeprodukte oder die nächste Produktgeneration. Das Produkt im permanenten Änderungszustand stellt sicher, dass verbesserte, neue Features, neue Funktionen in kurzen Abständen auf den Markt kommen. Nur so gelingt es Kundenzufriedenheit hoch zu halten.

Die Frage nachdem „Wie geht das?" ist einfach beantwortet – Der Wille und die Freiheit anders zu denken fördert Innovation. Agil zu arbeiten bindet Kunden ein, generiert zeitnah für die Kunden wertvolle Ergebnisse, verhindert kosten- und zeitaufwändige Änderungsschleifen. Vertikale Integration erzeugt Know-How, Flexibilität und durch das Denken **„Vom Kunden – Zum Kunden"** das Gold von Morgen – Daten, Daten, Daten.

Diese Entwicklung fordert die Unternehmen heraus umzudenken und die Prozesse in Marketing, Vertrieb und Entwicklung neu zu denken und neu aufzustellen. Traditionelles Denken und darauf abgestimmte Prozesse, die Mitarbeiter, Methoden und Produkte prägen steht dem Denken **„Vom Kunden – Zum Kunden"** gegenüber. Klassische Methode nach Handbuch und integriert in einem festen Produkt-Entwicklungs-Prozess haben ihre Grenzen erreicht und bedürfen dringend ihrer Modifizierung bis hin zur Kombination mit neuen Ansätzen. Nur so gelingt es aktuelle und erkennbare zukünftige Herausforderungen zu meistern und agil wertvolle Produkte für den Kunden zu entwickeln.

# Wert

Jedes Unternehmen ist darauf fokusiert, den Kunden Produkte anzubieten, welche von diesen als wertvoll betrachtet werden. Aber was verstehen wir als wertvoll? Dazu zwei Definitionen, die dies erklären und als Basis für die weiteren Ausführungen dienen.

## Wert [1]

*Wert ist die Wichtigkeit eines Gutes, die es für die Befriedigung der subjektiven Bedürfnisse besitzt, wie diese sich etwa in seinem Nutzen und in der betreffenden Präferenzordnung des Wirtschaftssubjekts widerspiegelt.*

Der Nutzen stellt die Gesamtheit der Erfüllungsgrade des betrachteten Gutes, entsprechend deren Bedeutsamkeit für den Wertenden gewichtet mit den Bewertungskriterien dar.

## Wert [2]

*Wert ist die Beziehung zwischen dem Beitrag der Funktion zur Bedürfnisbefriedigung und den Ressourcen, die für diese Befriedigung zum Einsatz kommen, welche den größten Effekt für Markt, Kunden und Unternehmen erzeugt.*

$$\text{Wert } \alpha \, \frac{\text{Befriedigung von Bedürfnissen}}{\text{Einsatz von Ressourcen}}$$

Formel 1 Definition Wert

Bedürfnisse sind der Ausgangspunkt für Anforderungen. Bei Anforderungen wird zwischen Basis-, Standard- und Begeisterungsanforderungen unterschieden. Die Kundenzufriedenheit ist direkt abhängig von der Möglichkeit zur Befriedigung von Begeisterungsanforderungen.

Der Einsatz von Ressourcen wird, wie auch die Bedürfnisse, von den verschiedenen Bewertenden unterschiedlich gesehen.

Damit wird ersichtlich, dass Wert eine subjektiv gebildete Größe ist – nicht absolut, sondern relativ –, welche von verschiedenen Bewertenden in unterschiedlichen Situationen unterschiedlich gesehen wird.

# Produkte und Werte entwickeln

Die Entwicklung von Produkten und damit die Entwicklung von Wert erfolgt in der Regel in Projektform.

Zur Steuerung der Projekte kommen zwei Basistypen der Prozesssteuerung zum Einsatz

## Typen der Prozesssteuerung

## Klassische Prozesssteuerung

Die Methode Wertanalyse nutzt die klassische Projektsteuerung. Charakteristisch für diese Art der Projektsteuerung ist, dass

- das Endprodukt zu Projektbeginn beschrieben und festgelegt ist
- das Projekt in klar definierten und aufeinander folgenden Schritten, wobei Rückkopplungen zulässig sind, bearbeitet wird
- der Prozess und die Bedingungen, unter denen er abläuft, stabil sind.

Abbildung 1 Klassische Projektsteuerung – 6 Phasen Modell

# Empirische Prozesssteuerung

Agile Methoden verwenden im Gegensatz zu oben beschriebenen, die empirische Prozesssteuerung. Diese ist gekennzeichnet durch den Umstand, dass

- der einzuschlagende Lösungsweg unklar ist
- das Aussehen des Endprodukts nicht oder nur grob bekannt ist
- sich im Rahmen der Bearbeitung Änderungen ergeben
- Wissen durch Erfahrung im Rahmen des Projekts angesammelt wird
- die Problemlösung durch schrittweise Annäherung (Iteration – Schleifen von lernen, umsetzen, überprüfen) erarbeitet wird
- Entscheidungen zeitnah auf Basis von erlerntem Wissen und Erfahrung getroffen werden

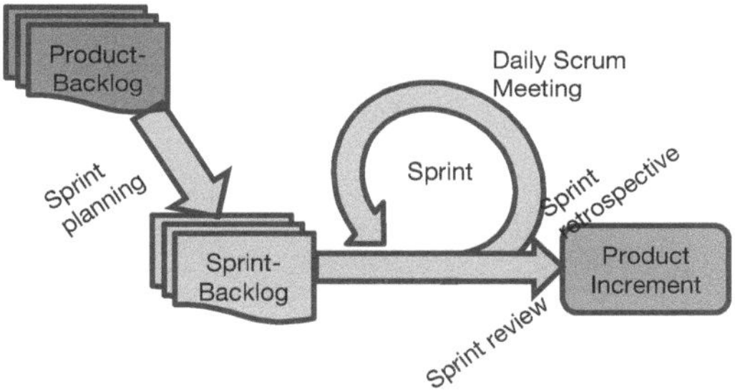


Abbildung 2 Empirische Projektsteuerung ähnlich SCRUM

Empirische Projektsteuerung setzt, um erfolgreich zu sein, auf drei Säulen

1. *Transparenz* (Transparency)
   .
2. *Überprüfung* (Inspection)
   .
3. *Anpassung* (Adaption)
   .

Hinweis: Empirische und klassische Projektsteuerung schließen sich gegenseitig nicht aus. Auch bei der klassischen Prozesssteuerung können wiederkehrende Prozessschritte (Iterationen) auftreten.

# Hybride Prozesssteuerung

In der Praxis haben sich, gerade in Unternehmen mit einem hohen Anteil von Bekanntem – Lösungen, Lieferanten, Produktion, ...-, Mischformen beider Steuerungsarten entwickelt.

Diese Mischformen ergeben sich aus der Tatsache, dass

* das Endprodukt zu Projektbeginn weitgehend beschrieben und festgelegt werden kann
* das Projekt in klar definierten und aufeinander folgenden Schritten, wobei Rückkopplungen zulässig sind, bearbeitet wird
* das Aussehen des Endprodukts nur grob bekannt ist
* sich im Rahmen der Bearbeitung Änderungen ergeben

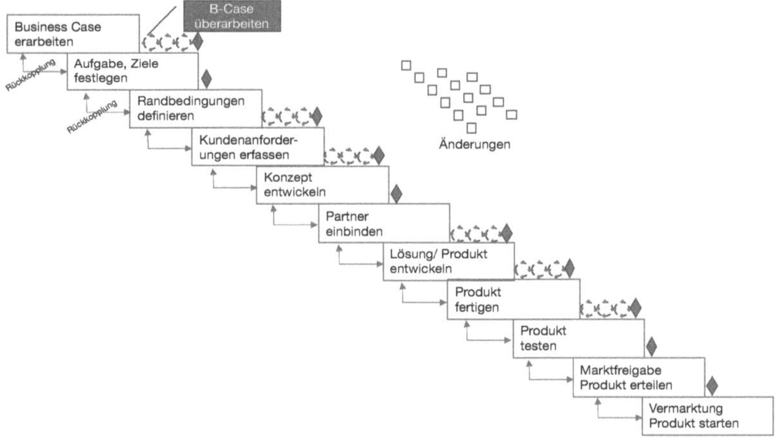


Abbildung 3 Hybride Projektsteuerung - Agiles Wasserfallmodell

In der Anwendung hat sich jedoch gezeigt, dass der hybride Steuerungsansatz zu vielen Konflikten, Verwirrung bei den Teammitgliedern und mannigfaltigen Änderungsanforderungen führt.
Die erarbeiteten Ergebnisse sind maximal vergleichbar, in der Regel schlechter als bei klassischer Prozesssteuerung.

# Methodiken der Produktgestaltung

Die Betrachtung von jeweils einem Repräsentanten der klassischen und der agilen Prozesssteuerungsform und dessen Ursprung soll die unterschiedlichen Philosophien verdeutlichen.

Als Repräsentant für die klassische Prozesssteuerung dient die *Methode Wertanalyse* mit deren Entwicklung bis heute.

Der Repräsentant empirischer Prozesssteuerung ist die aus dem *Agilen Manifest* abgeleitete Methode *SCRUM©*

# Wertanalyse Geschichte – Ein Überblick

## Wertanalyse Ur-Definition1965

*Wertanalyse ist eine organisierte Anstrengung, die Wirkungen eines Produkts mit den niedrigsten Kosten zu erstellen, ohne die erforderliche Qualität, Zuverlässigkeit und Marktfähigkeit des Produktes negativ zu beeinflussen.*

Das ist die Definition, mit der die Methode Wertanalyse 1965 anlässlich des ersten SAVE Kongresses in New York vorgestellt wurde. Die Methode ist geprägt von den Herausforderungen der Jahre nach dem Krieg und der des Wirtschaftswunders. Der Markt war geprägt von exzessiver Nachfrage. Funktionalität und Technik waren Trumpf, Kosten spielten eine nachrangige Rolle, Kostenreduzierung wurde mit dem Ziel der Gewinnsteigerung betrieben.

Ergänzend dazu formulierte L. D. Miles der „Vater der Wertanalyse"

## 13 Grundsätze für das Arbeiten mit Wertanalyse.

1. Verwende als Bewertungsmaßstab: Würde ich mein eigenes Geld dafür ausgeben?
2. Höre auf zu verallgemeinern
3. Berücksichtige und verstehe alle verfügbaren Kosten
4. Berücksichtige Anwenderinformationen nur von den zuverlässigsten Quellen
5. Zerlege, entwickle und optimiere/ verfeinere
6. Verwende nachhaltige Kreativität
7. Identifiziere und überwinde Hindernisse und Blockaden
8. Nutze Fachspezialisten, um fachspezifisches Know-How zu erweitern
9. „Klebe" ein Preisschild an jede (enge) Toleranz und Kostenquelle
10. Entdecke und nutze verfügbare Produkte von Lieferanten
11. Nutze das Know-How und die Fähigkeiten von Lieferanten und bezahle dafür
12. Nutze spezialisierte Prozesse
13. Nutze anwendbare Standards

Seit diesem Zeitpunkt hat die Wertanalyse einige Metamorphosen bis zum aktuellen Stand von 2018 durchlebt. Einige dieser Stadien sind

*Wertanalyse DIN 69 910: 1987 als Ersatz für Ausgabe 11.1973*
*Wertanalyse ist ein System zur Lösung komplexer Probleme, die nicht*
*oder nicht vollständig algorithmierbar sind. Sie beinhaltet das Zusammen-*
*wirken der Systemelemente Methodik, Verhaltensweisen, Management*
*bei deren gleichzeitiger Beeinflussung mit dem Ziel einer Optimierung des*
*Ergebnisses.*

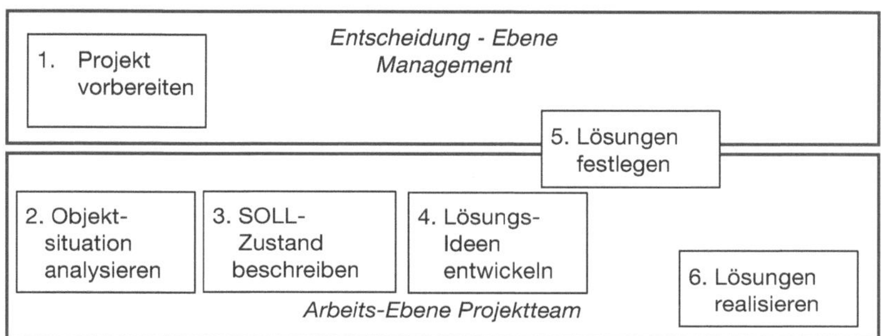


Abbildung 4 Wertanalyse Arbeitsplan DIN 69 910

*Wertanalyse EN 1325-1: 1996 / VDI Richtlinie 2800 BL 1*
*Wertanalyse ist ein organisierter und kreativer Ansatz, der einen funk-*
*tionenorientierten und wirtschaftlichen Gestaltungsprozess mit dem Ziel*
*der Wertsteigerung eines WA-Objekts zur Anwendung bringt.*

*Wertanalyse EN 12 973: 2000-07 überarbeitet 2018*
*Value Management ist ein Managementstil, der besonders geeignet ist,*
*Menschen zu mobilisieren, Fähigkeiten zu entwickeln sowie Synergien und*
*Innovation zu fördern, jeweils mit dem Ziel, die Gesamtleistung einer*
*Organisation zu maximieren. VM stellt das Wertkonzept in den Mittelpunkt.*

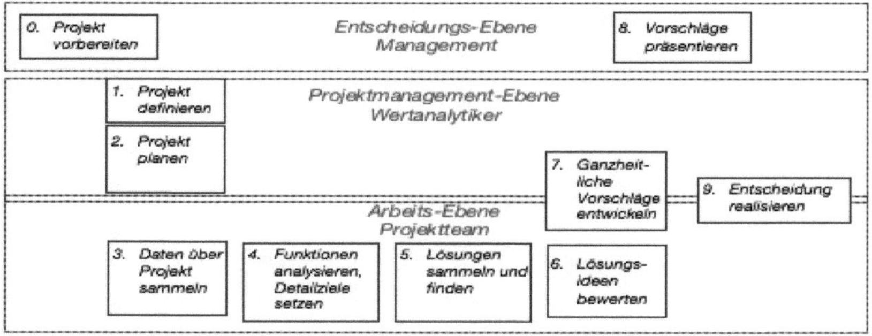


Abbildung 5 Wertanalyse Arbeitsplan EN 12 973

In keiner der Definitionen ist an irgendeiner Stelle der Hinweis auf den
Kunden und seine Einbindung in den Prozess zu finden.

Der Arbeitsplan ist in Schritten aufgebaut, d.h. ein Arbeitsschritt folgt dem anderen. Das erste Mal wird im Grundschritt 3 intensiver über Markt, Kunden und Kundenanforderungen diskutiert, werden Festlegungen dazu getroffen. Erst im Grundschritt 4 beschäftigt sich die Methode Wertanalyse mit dem Kunden, indem die Fragen gestellt werden – Benötigt der Kunde eine spezifische Funktion? und Ist die Funktion dem Kunden das Geld wert? Dann verschwindet der Kunde von der Projektbühne und tritt erst schemenhaft im Hintergrund im Grundschritt 8 als ggf. ein Entscheidungsaspekt wieder auf.

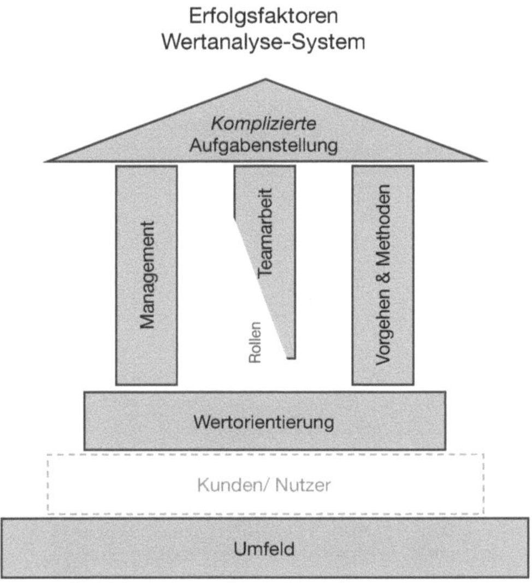


*Abbildung 6 Erfolgsfaktoren Value Management/ Wertanalyse*

Im Bedarfsfalle gibt es die Möglichkeit des Zurückspringens zu einem bereits bearbeiteten Arbeitsschritt. Dies geschieht in der Regel ausschließlich als letzter Ausweg, wenn das Projekt Gefahr läuft zu scheitern. Ein Rücksprung erfolgt nicht, wenn das Arbeitsteam der Meinung ist, es habe Wesentliches dazu gelernt und es sich lohnt vor diesem Hintergrund getroffene Entscheidungen neu zu beleuchten und deren Tragfähigkeit zu validieren.

Zusammengefasst ist zu bemerken, dass der Projektblick der Wertanalyse nach innen gerichtet ist mit dem Ziel, einen Ablauf im Sinne von Good oder Best Practice festzulegen. Der für die Denkhaltung „Vom Kunden – Zum Kunden" benötigte Kundenbezug fehlt weitgehen oder ist abhängig von der Denkhaltung und der Erfahrung der die Methode Nutzenden.

# Agiles Manifest

Unzufrieden mit vorhandenen Vorgehensmodellen spezifisch für die Entwicklung von Software erarbeiteten und veröffentlichten eine Reihe von Softwarespezialisten um Ken Schwaber und Kent Beck 2001 das *Agile Manifest*. In diesem legten die Verfasser den Grundstein für eine veränderte Denkhaltung und formulierten diese in 4 Grundsätzen und 12 Prinzipien zu deren Ausgestaltung.

## 4 Grundsätze des Agilen Manifests

*Wir erschließen bessere Wege, Software [1] zu entwickeln, indem wir es selbst tun und anderen dabei helfen. Durch diese Tätigkeit haben wir diese Werte zu schätzen gelernt:*

| | | |
|---|---|---|
| *Individuen und Interaktionen* | *mehr als* | *Prozesse und Werkzeuge* |
| *Funktionierende Software[2]* | *mehr als* | *umfassende Dokumentation* |
| *Zusammenarbeit mit dem Kunden* | *mehr als* | *Vertragsverhandlung* |
| *Reagieren auf Veränderung* | *mehr als* | *das Befolgen eines Plans* |

Das heißt, wir schätzen die Werte auf der linken Seite höher ein, obwohl wir die Werte auf der rechten Seite wichtig finden.

[1] Software kann durch den Begriff Produkt substituiert werden. Die ursprüngliche Definition ist basierend auf Erfahrungen aus Projekten zur Produkt- und Prozessentwicklung zu eng gefasst.

[2] Funktionierende Software ist vor dem Hintergrund der Bemerkungen unter [1] als Funktionsfähige Produkte zu interpretieren.

## 12 Prinzipien hinter dem Agilen Manifest

1. Unsere höchste Priorität ist es, den Kunden durch frühe und kontinuierliche Auslieferung wertvoller Produkte, Baugruppen ... zufrieden zu stellen.
2. Heiße Anforderungsänderungen sind selbst spät in der Entwicklung willkommen. Agile Prozesse nutzen Veränderungen zum Wettbewerbsvorteil des Kunden.
3. Liefere funktionierende Produkte, Baugruppen ... regelmäßig innerhalb weniger Wochen oder Monate und bevorzuge dabei die kürzere Zeitspanne.
4. Fachexperten und Entwickler müssen während des Projektes täglich zusammenarbeiten.
5. Errichte Projekte rund um motivierte Individuen. Gib ihnen das Umfeld und die Unterstützung, die sie benötigen und vertraue darauf, dass sie die Aufgabe erledigen.

6. Die effizienteste und effektivste Methode, Informationen an und innerhalb eines Entwicklungsteams zu übermitteln, ist im Gespräch von Angesicht zu Angesicht.

7. Funktionierende Produkte, Baugruppen ... sind das wichtigste Fortschrittsmaß.

8. Agile Prozesse fördern nachhaltige Entwicklung. Die Auftraggeber, Entwickler und Benutzer sollten ein gleichmäßiges Tempo auf unbegrenzte Zeit halten können.

9. Ständiges Augenmerk auf technische Exzellenz und gutes Design fördert Agilität.

10. Einfachheit - die Kunst, die Menge nicht getaner Arbeit zu maximieren - ist essenziell.

11. Die besten Anforderungen, Produkt-Designs und Entwürfe entstehen durch selbstorganisierte Teams.

12. In regelmäßigen Abständen reflektiert das Team, wie es effektiver werden kann und passt sein Verhalten entsprechend an.

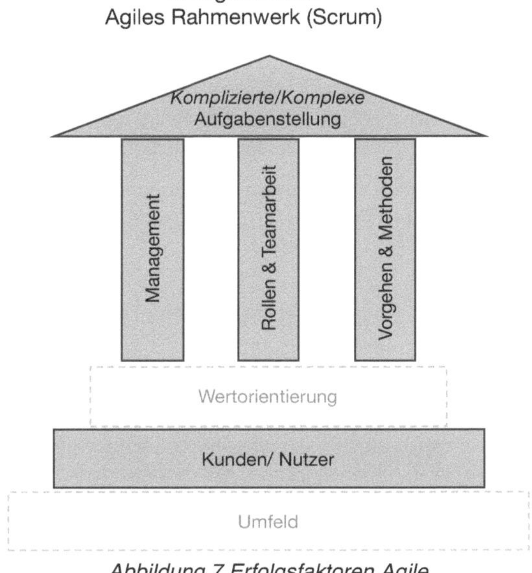



*Abbildung 7 Erfolgsfaktoren Agile*

Das Agile Manifest rückt vier, für die Produktentwicklung wesentliche Aspekte in den Focus:

- den Kunden/ Nutzer und die Auseinandersetzung mit seinen Wünschen, Anforderungen, die es gilt zu verstehen, um diese in seinem Sinne zu erfüllen.
- die Entwickler, für die eine Umgebung mit ermächtigter Eigeninitiative geschaffen werden soll. Von den Entwicklern wird vorausgesetzt, dass sie fähig sind,
    o einfach und minimalistisch zu denken
    o funktionierende Lösungen für die gemeinsam mit den Kunden erarbeiteten Anforderungen zu erarbeiten
    o eigenverantwortlich Entscheidungen auf dem Weg dahin zu treffen.
- die permanente Kommunikation zwischen den „Lösenden" und den „Anwendenden/Kunden", mit dem Ziel „Abwege in der Entwicklung" zeitnah zu erkennen und zeitnah zu reagieren. Damit wird das Risiko des Scheiterns für beide Seite stark reduziert.
- das Management, welches die oben genannten Aspekte einfordert und dabei unterstützt das Agile Vorgehen und Verständnis im Unternehmen zu implementieren.

# Einsatzfelder der Prozesssteuerungsansätze

## Das Cynefin-Denkmodell[3)] als Lokalisierungshilfe

Grundlage für das Verständnis der Differenzierung zwischen dem Einsatzbereich der klassischen und der empirischen Prozesssteuerung bzw. zwischen konsekutivem - Methode Wertanalyse - und iterativem Vorgehen - Agile - könnte das Cynefin-Framework nach Dave Snowden sein. Das Cynefin-Denkmodell wurde 1999 im Kontext von Wissensmanagement und Organisationsstrategie entwickelt und durch Weiterentwicklung und Ergänzung um die Theorie komplexer adaptiver Systeme zu einem allgemeinen Strategie-Modell.

Die praktische Umsetzung des Denkmodells begann in den Bereichen Wissensmanagement, kultureller Wandel und Gruppendynamik, wurde erweitert durch einige kritische Unternehmensprozesse, wie z. B. Produktentwicklung, Markterschließung, Branding und endet aktuell bei Fragen der Unternehmensstrategie und der nationalen Sicherheit.

Das Cynefin-Denkmodell teilt Probleme/ Handlungsbedarf fünf Bereichen zu.

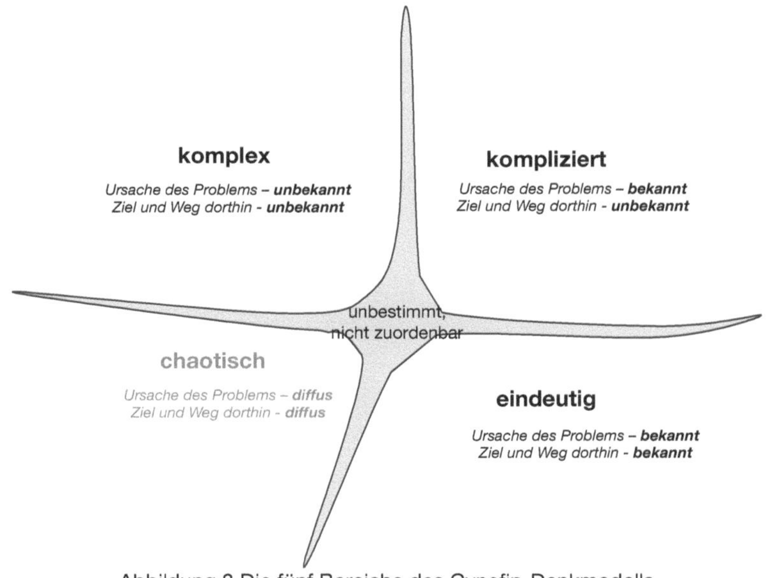


Abbildung 8 Die fünf Bereiche des Cynefin-Denkmodells

eindeutig

In diesem Bereich ist bekannt, was zu tun ist, da Vergleichbares in der Vergangenheit bereits vielfach getan wurde.

Empfohlene Handlungsabfolge*: intuitiv erfassen - kategorisieren - handeln. → Lege los wie gewohnt, es steht nicht in Frage was zu tun ist.* Diese Aufgabenstellungen können mit *klassischen Vorgehensmodellen* bsph. dem 6-Phasen- Modell, Stage-Gate-Prozess bearbeitet werden. „Standardisierung des Handelns" und Handeln nach fixen, starren Regeln ergibt Best Practices.

kompliziert

Die Ursache des Problems ist nicht bekannt, aber Erfahrung zeigt, dass durch Analyse ermittelt werden kann, was passiert ist.

Empfohlene Handlungsabfolge: *intuitiv erfassen - analysieren - handeln. → Benenne eine Gruppe von Experten oder wissenden Personen, welche die Herausforderung analysieren und strukturieren.* Komplizierte Aufgabenstellungen können mit *klassischen Vorgehensmodellen* bsph. dem 6-Phasenmodell, Stage-Gate-Prozess bearbeitet werden. Das Vorgehen erfordert Spielraum und Leitplanken, das Ergebnis ist Good Practice.

komplex

Was ein spezifisches Ergebnis verursacht ist schwierig festzulegen. Der Bereich Komplexe Probleme kennt kein richtig oder falsch, lässt multiple Hypothesen zu und fordert empirisches Lernen. Freiheitsgrade und Vorgehen entwickeln sich mit zunehmendem Wissen.

Empfohlene Handlungsabfolge*: probieren, - intuitiv erfassen -handeln → belastbare Hypothesen formulieren und Arbeitsumfänge/ Tests vorschlagen, um die Hypothesen zu bestätigen.* Das, zur erfolgreichen Bearbeitung komplexer Aufgabenstellungen adäquate Vorgehen, die iterative – inkrementelle – empirisch Annäherung an das Ergebnis, entspricht dem *agilen Vorgehensmodell*.

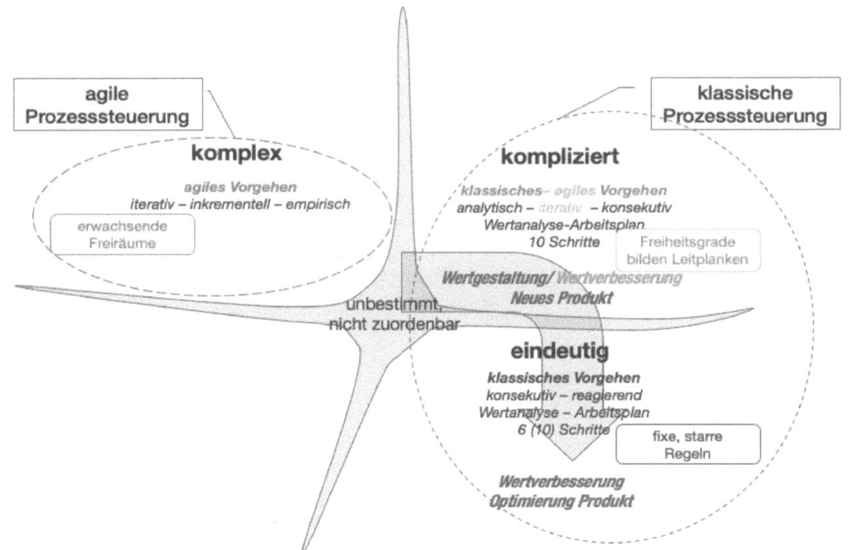



Abbildung 9 Das Cynefin-Denkmodell mit kommentierten Bereichen

chaotisch
Das System ist instabil aber, da Warten keine Alternative ist, muss gehandelt werden.

Empfohlene Handlungsabfolge: *handeln - intuitiv erfassen – handeln → Erarbeite einen Vorschlag, der das Problem in einen bearbeitbaren Bereich - komplex oder kompliziert - führt und evaluiere den Vorschlag. Das Ergebnis ist ein neuartiges Vorgehen.*

unbestimmt
Hier finden sich alle Probleme, Handlungszwänge, deren Zuordnung noch nicht entschieden ist.

Empfohlene weitere Schritte: *Finde den richtigen Bereich* und ordne das Problem diesem zu

# Bedeutung Cynefin-Framework für klassische Projekte

Erzeugt man die Konvergenz des Cynefin-Denkmodells und der klassischen Projektsteuerung am Beispiel der Methode Wertanalyse, so werden die Effekte des Cynefin-Denkmodells erkennbar.

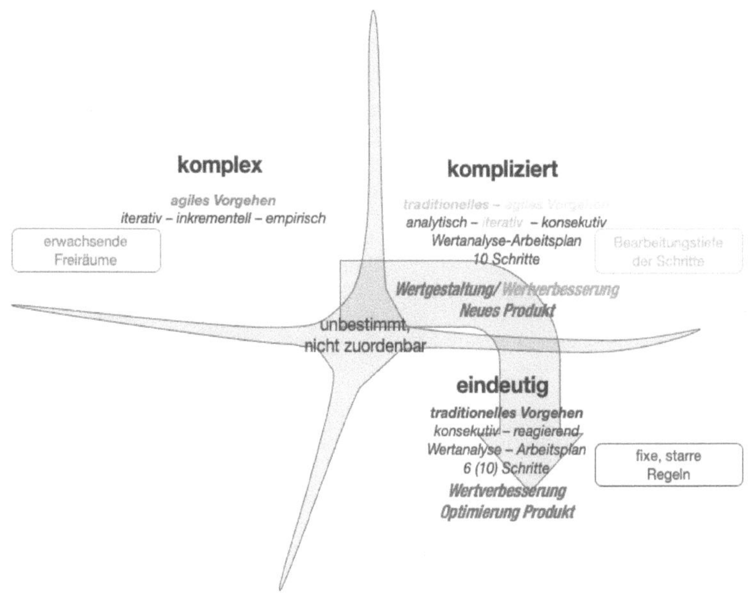


*Abbildung 10 Cynefin-Denkmodell und Wertanalyse Arbeitsplan 10 bzw 6 Schritte*

Der „Standard-Anwendungsbereich" der Methode Wertanalyse ist die **Wertgestaltung**, der Einsatz der Methode Wertanalyse zur Entwicklung neuer Produkte ist im Cynefin-Denkmodell im *komplizierten Bereich* lokalisiert bsph. von Automotive-Komponenten mit geringem E/E-Anteil, Bearbeitungsmaschinen, ....

Der Vergleich des Wertanalyse Arbeitsplans und des in Cynefin empfohlenen Vorgehens zeigt, dass der Wertanalyse-Arbeitsplan die Cynefin-Handlungsempfehlung *intuitiv erfassen - analysieren - handeln* weitestgehend abbildet. Übersetzt in die Denkweise der Wertanalyse heißt das: *erfassen, begreifen, verstehen was ist – hinterfragen, begreifen, verstehen was soll sein – erarbeiten wie kann es gehen und entscheiden was ist zu tun.*

Auch das Faktum, dass die Randbedingungen eher als gestaltend denn als fix, einengend zu sehen sind entspricht der Denkweise der Wertanalyse.

Dasselbe trifft für den empfohlenen Einsatz von Teams zu, da interdisziplinäre Teamarbeit einer der Erfolgsfaktoren in der Wertanalyse ist. Cynefin nennt dafür als sinnvolle Größe 10 – 12 - ein Wertanalyse-Team besteht im Regelfall aus 5 – 7 Personen.

Generell ist die Bearbeitung von Aufgaben des komplizierten Bereichs mit Hilfe klassischer Prozesssteuerung sinnvoll. Für Projekte, die im Grenzbereich zwischen komplex und kompliziert lokalisiert sind, ist zu überlegen, ob bei deren Bearbeitung agile Aspekte integriert werden.

Der typische Bereich für **Wertverbesserung** d.h. den Einsatz der Methode Wertanalyse zur Optimierung bestehender Produkte, liegt im *eindeutigen Bereich*. Projekte zur Wertverbesserung von Objekten wurden in der Vergangenheit bereits mehrfach erfolgreich bearbeitet bsph. mech. Getriebe, Sicherungsautomaten, ....

Die Randbedingungen für den Eingriff in das Objekt sind bedingt durch Vorgaben aus dem Markt, durch Spezifikationen bzw. durch gegebene Schnittstellen weitgehend fix. Hier gilt es, Aufgabenstellung und Ziele klar zu beschreiben und die benötigten Ressourcen für deren Be-/ Erarbeitung dem Projekt zur Verfügung zu stellen.

Sollen trotz des starren Gestaltungskorsetts innovative Aspekte in das Produkt integriert werden, lohnt sich der „Ausflug" in den chaotischen Bereich indem pointierte Schadens-/ Scheiterns-Szenarien erarbeitet werden und die gewonnenen Erkenntnisse in das Wertverbesserungs-Projekt integriert werden.

Cynfine-Denkmodell und der Wertanalyse Arbeitsplan zeigen auch in diesem Bereich weitegehende Übereinstimmung. Im Wertanalyse-Arbeitsplan können verschiedene Arbeitsschritte mit geringer Intensität bearbeitet oder ggf. zusammengefasst werden. Das entspricht eher der klassischen Prozesssteuerung mittels eines Arbeitsplans mit 6-Stufen als 10-Stufen.

Zusammenfassen ist zu bemerken, dass klassische Prozesssteuerung das Mittel der Wahl für die Bearbeitung *einfache*r und *komplizierte*r Aufgabenstellungen ist.

Das Bearbeiten *komplex*er Aufgabenstellungen erfordert empirische Prozesssteuerung Der Einsatz klassischer oder hybrider Prozesteuerung zur Bearbeitung komplexer Probleme führt zu unzulänglichen bis hin zu unbrauchbaren Ergebnissen.

# Agil und wertorientiert Produkte entwickeln – ein Denkmodell

Der nächste Schritt ist der Versuch, „DAS BESTE AUS BEIDEN WELTEN"
zu einem Vorgehen zu vereinen. Ziel ist, Zukünftige Produkte erfolgreich zu
entwickeln und die geänderten Herausforderungen dieser Entwicklung zu
meistern.

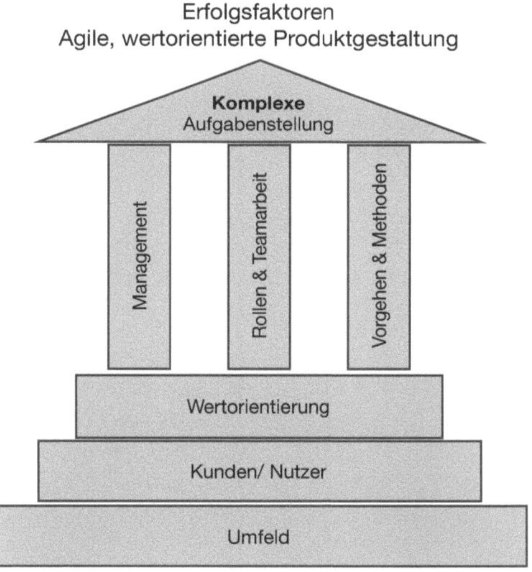


*Abbildung 11 Erfolgsfaktoren "Agiler, wertorientierter Produktgestaltung"*

Basierend auf dem Cynefin-Modell, hat sich der Schwerpunkt der
Entwicklung von Objekten durch den stetig steigenden Anteil an
Mechatronik, Software und die immer intensivere Vernetzung von
Fachdisziplinen zur Produktgestaltung in den komplexen Bereich verlagert
bsph. Fahrzeuge, automatisierte Maschinen, Bedienungsgeräte.

Kennzeichnend dafür ist, dass die Entwicklung solcher Objekte, die intensive Auseinandersetzung mit Kunden, deren Einstellungen, Fähigkeiten
und Fertigkeiten zur Nutzung/ Bedienung der Objekte erfordert. Dies
bedeutet, dass für die Entwicklung derartiger Objekte, zukünftig wird es
nur wenige andere geben, es nicht mehr ausreichend ist ein Lastenheft zu
verfassen.

Die intensive Auseinandersetzung mit dem Kunden wird zur entscheid-
enden Stellgröße für Erfolg oder Misserfolg eines Objektes am Markt.

Die Auseinandersetzung mit dem Kunden ist aber kein einmaliger Akt, sondern ein Lernprozess. Über dessen Ergebnis kann anfangs keine oder nur eine vage Aussage getroffen werden. Lernen erfolgt gemeinsam mit dem Kunden, durch Zuhören, Hinterfragen und das gemeinsame Formulieren von Anwendungen, Schwierigkeiten, Erfahrungen mit bisherigen Objekten. Die gesammelten Informationen bilden die Grundlage für einen ersten Lösungsvorschlag – schnell, unreif, mit Ecken und Kanten.

Im Zuge des weiteren Lernprozesses gilt es, dem Kunden auf die Augen und Finger/ Hände zu sehen und an seinen Reaktionen und Äußerungen den Wert oder Unwert einer Funktion zu erkennen oder eines Lösungsdetails zu begreifen. Entscheidend ist, die vom Kunden benötigten Wirkungen hinter den vom Kunden kommunizierten Lösungen zu erfassen und gemeinsam mit deren Nutzen (WOFÜR?) festzuschreiben. Wert (Was muss/ sollte sein) oder Unwert (Was muss/ sollte vermieden werden) gilt es dann weiter zu detaillieren und konkretisieren.

Der Kunden muss in die Entwicklung integriert werden und darf nicht von der Entwicklung überrollt werden. Der Kunden ist in der Regel kein Lösungsexperte/ Entwickler. Er weiß über die von ihm benötigten Funktion-en und Einsatzbedingungen, das große Bild der Produktnutzung am Markt fehlt ihm.

Dieser skizzierte Ablauf zeigt, dass zukünftige Produkte über weite Bereiche in einem empirischen, gemeinsam von Kunden und Entwicklern getragenen Prozess entstehen werden. Produkte werden durch inkrementelle Veränderungen in iterativen Schleifen, in denen beide Seiten lernen, zu einer gewissen Marktreife geführt.

Je nach Produkt und Produktstruktur kann dieser Prozess bis zu Markteinführung andauern oder aber bis Product Freeze. Mit Product Freeze ist ein Zustand erreicht, in dem die unterschiedlichen Gestaltungsumfänge dem kritischen oder eindeutigen Bereich nach Cynefin zugeordnet werden können. Das weiter Vorgehen ist dann bekannt.

Iterativ – inkrementell – empirisch das sind die Kennzeichen für agiles Vorgehen[3]). Agiles Vorgehen hat sich bei iterativem und inkrementellem Wissenstransfer als besonders effektiv erwiesen. Das Vorgehen basiert auf der Theorie der empirischen Prozesssteuerung (Emiprie). Empirie bedeutet, dass Wissen aus Erfahrung gewonnen wird und Entscheidungen auf Basis des Bekannten getroffen werden. Agiles Vorgehen verfolgt einen iterativen, inkrementellen Ansatz, um die Prognosesicherheit zu optimieren und Risiken zu kontrollieren. Die drei Säulen empirischer Prozesssteuerung sind: Transparenz, Überprüfung und Anpassung.

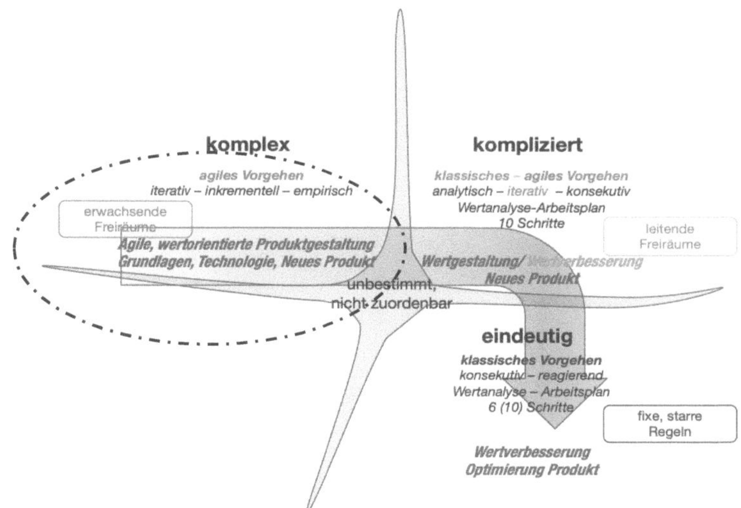


Abbildung 12 Agile, wertorientierte Produktgestaltung – Vorgehen für den komplexen Bereich

## Komplexe Probleme -Innovation – permanentes Lernen

Die Bearbeitung Komplexer Probleme erfordert Erfahrung, Denken über den Tellerrand, Denken in Wirkungen an Stelle von Lösungen, In Frage stellen von Akzeptiertem, Vernetzung von Wissen und Daten, ... Komplexer Probleme zu bearbeiten bedeutet sehr oft Grundlagenarbeit und das intensive Zusammenwirken von Nutzern/ Kunden, Ideengebern und Entwickler unterschiedlicher Fachdisziplinen mit unterschiedlichen Denkweisen.

Komplexe Probleme basieren in der Regel auf technischen und sozialen Widersprüchen. Deren Lösung bietet die Chance zu Innovationen. Innovationen für Produkte mit der von Unternehmen dringend benötigten Differenzierung und Alleinstellung.

Für die Entwicklung Komplexer Produkte ist das Wissen und die Erfahrung verschiedener technischer und geisteswissenschaftlicher Fachbereiche und die enge Abstimmung mit Nutzern/Kunden erforderlich.

Komplexe Produkte haben keine eindeutige Anbieter - Nutzer-Beziehung, da der Anbieter gleichzeitig Kunde der Nutzer und Nutzer der von den Kunden generierten Daten ist. Dadurch entsteht permanentes Lernen für neue Produktfunktionen und die Basis für die nächste Produktgeneration.

# Ablauf agiler und wertorientierter Produktentwicklung

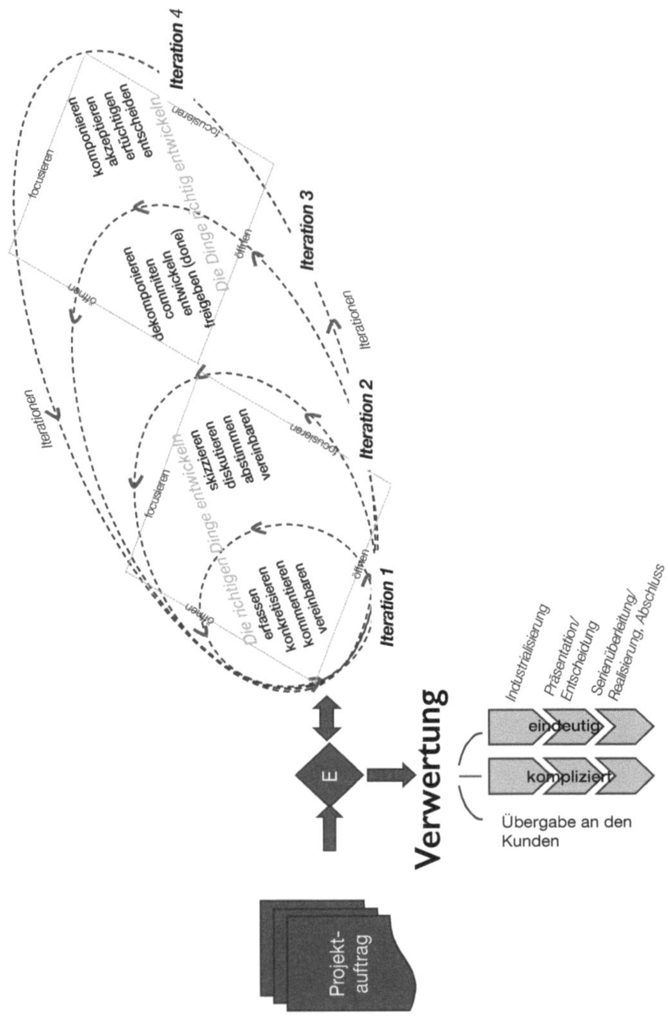


Abbildung 13 Agile, wertorientierte Produktgestaltung – Vorgehen Überblick

# Den Projektauftrag formulieren und freigeben

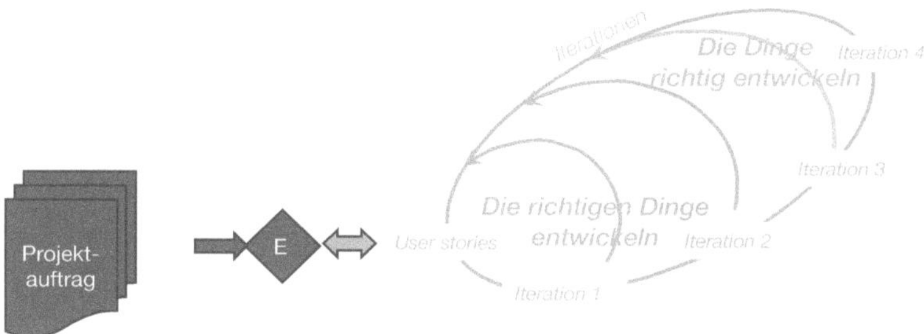


Abbildung 14 Agile, wertorientierte Produktgestaltung – Projektauftrag formulieren

Die Untersuchungen zur Formulierung und Ausgestaltung des Projektauftrags können qualitativ oder quantitativ und verhaltensbezogen oder einstellungsbezogen sein.

Qualitative Forschung kann Interviews, Usability-Studien und Geschäftsprozesse und die Untersuchung der Strategiekonformität des Vorhabens umfassen.

Quantitative Forschung umfasst die Analyse der Geschäftsprozesse, Kunden und Produktdaten. Viele Projekte profitieren von der Kombination von Erkenntnissen aus unterschiedlichen Untersuchungsmethoden.

Das Ziel des Untersuchungsschrittes ist es, die geschäftliche Herausforderung in einer klaren "Wie könnten wir?" Aussage zu formulieren. Die Aussage, „wie wir könnten", sollte kurz und einprägsam sein und einen Charakter, ein Ziel und eine Richtung aufweisen. Sie sollte präzise genug sein, um über den Kontext zu informieren, und offen genug, um Raum zu geben, verschiedene Ansätze zu untersuchen.

# Die Projektarbeit planen und budgetieren

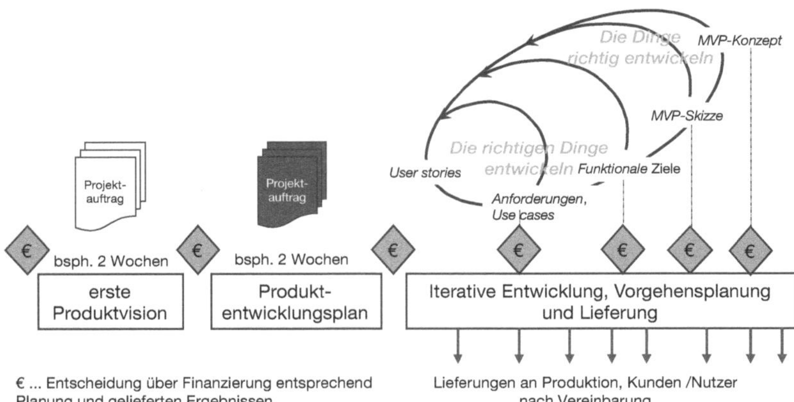


Abbildung 15 Agile, wertorientierte Produktgestaltung – Planung Budgetierung

Die Planung des Projekts bei Agilem Vorgehen erfolgt in Wochen nicht mehr wie bei konventionellen Projekten in großen Zeitperioden bsph. Monaten. Dazu werden das Projektziel, und die Bearbeitungsstrategie in einem übergeordneten Plan festgeschrieben. Der Plan ist die Basis für die Bereitstellung der für das Entwicklungsteam und die -aktivitäten benötigten Mittel.

Zu Beginn der Entwicklung erarbeitet das Entwicklungsteam gemeinsam mit Kunden einen Übersichtsplan, um in der verfügbaren Zeit und unter Einhaltung des bewilligten Budgets das maximal mögliche Ergebnis zu erzielen.

Dieser Übersichtsplan bietet

- Orientierung für alle, die Ressourcen für die Entwicklung des Produktes zur Verfügung stellen.
- hilft Verzögerungen und Verschwendung zu vermeiden, indem Aktivitäten genau dann durchgeführt werden, wenn deren Ergebnis benötigt wird.

Dieser Übersichtsplan wird entsprechend Bedarf bis auf die für die Bearbeitung von Iterationen geltende Zeitspanne von 2 - 4 Wochen verfeinert.

Die Entwicklungsteams überprüfen und überarbeiten diese Pläne täglich und/ oder am Ende einer Iteration. Dieser Prozess stellt sicher, dass die Pläne dem Lernfortschritt der Teams angepasst aktuell sind.

  Komplexe Produkte agil und wertorientiert entwickeln

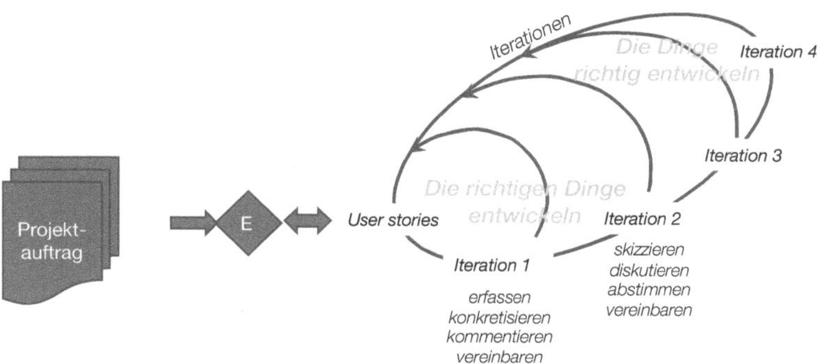



Abbildung 16 Agile, wertorientierte Produktgestaltung Iteration 1 und 2

## Kunden auswählen → MVP skizzieren - Iteration 1 - 2

Umfang 1  *Kunden auswählen und in den Prozess integrieren*
Umfang 2  *Anwendungsfälle formen*
Umfang 3  *NBFunktionen und Funktionale Ziele vereinbaren*

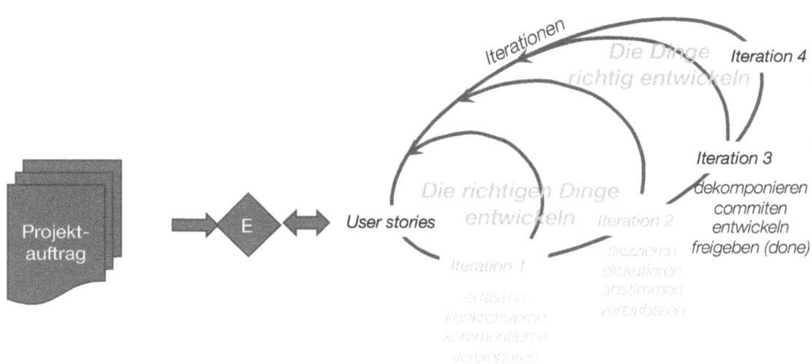



Abbildung 17 Agile, wertorientierte Produktgestaltung Iteration 3

## Entwicklung starten → MVP freigeben - Iteration 3

Umfang 1  *Funktionen auswählen – Funktionen-Lösungen erarbeiten*
Umfang 2  Funktionen-Lösungen testen – „DONE"
Umfang 3  Funktionen-Lösungen zusammenführen – *MVP-skizzieren*

*Die Umfänge 1 bis 3 werden solange wiederholt, bis das MVP oder die mit dem Kunden vereinbarte Konfiguration erarbeitet ist.*

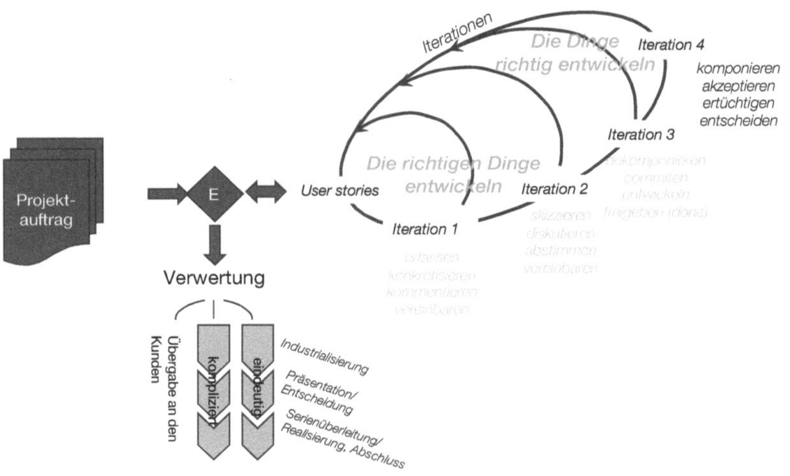



Abbildung 18 Agile, wertorientierte Produktgestaltung Iteration 4

## Gesamtergebnis bilden, Erfahrungen dokumentieren → Verwertung entscheiden - Itertation 4

Umfang 1     *MVP-Skizze finalisieren – MVP(-Konzept) akzeptieren*
Umfang 2     *Feedback Prozess erarbeiten, Maßnahmen entscheiden*
Umfang 3     Verwertung, *Projektende entscheiden*

Bei Abläufen bedeutet dies die Entscheidung über den Rollout – Planung, Einführung, ...; bei Maschinen bedeutet dies, da viele der erarbeiteten Inkremente nur im Modell bsph. mittels Additive Machining, Rapid Prototyping erarbeitet und evaluiert sind, die Freigabe zur Produktevaluierung/ Prototypen-Fertigung. Die Bearbeitung nutzt die klassische Projektstruktur

Die genannten Modifikationen dienen dazu, möglichst rasch

- den Kunden in das Projekt einzubinden
- den gemeinsamen Lernprozess zu starten
- für den Kunden be- und verwertbare Ergebnisse zu liefern

# Rollen agiler und wertorientierter Produktentwicklung

Als wichtige Voraussetzung um komplexe Probleme bearbeiten zu können bedarf es zweier zusätzlicher Rollen im Projekt. Diese Rollen sind die Basis dafür, dass Agile, wertorientierte Produktgestaltung im Unternehmen stattfindet, durchgeführt wird und die Projekte erfolgreich abgeschlossen werden können

## Die Innovation treibende und fördernde Rollen

- **Der Entrepreneur** Träger und Treiber der Innovation

Der Entrepreneur ist innovativ, indem er mit kreativen Ansätzen bestehende Strukturen aufreißt und im Folgenden die Einzelteile in veränderter Weise neu sortiert und in Beziehung zueinander setzt. Er packt Dinge an, räumt hartnäckige Widerstände aus dem Weg, sieht Möglichkeiten realistisch, wagt Unsicherheit und unvorhersehbare Risiken um das Neue durchzusetzen. Indem er das tut, katapultiert er das Unternehmen und den Markt auf neue Bahnen. Dazu braucht er, neben angemessenem Kredit und Entscheidungsgewalt personengebundene Fähigkeiten wie bsph. Initiative, Autorität, Voraussicht. Entrepreneure sind hoch vernetzt.

Damit ist der Entrepreneur ein Unternehmer, aber nicht jeder Unternehmer ein Entrepreneur.

Innovationen sind für den Entrepreneur die Ausdrucksform wirtschaftlicher „Dynamik". Die Aussicht auf Unternehmergewinn, weil die neuen Kombinationen notwendig vorteilhafter sind als die alten, löst bei ihm innovatives Handeln aus.

Entrepreneur ist kein Beruf und kein Dauerzustand. Das ist der Unterschied zum Erfinder, der das Neue entwickelt, aber nicht dessen Durchsetzung am Markt. Entrepreneure brauchen Erfinder und Entwickler, um erfolgreich zu sein. Denn so Schumpeter: „Ohne Entwicklung kein Unternehmergewinn, ohne Unternehmergewinn keine Entwicklung".

In manchen Unternehmen gibt es die Rolle des Mentors oder Chief Innovations Officers (CIO), einer Art Entrepreneur, dessen Aufgabe es ist, Teams und deren innovative Arbeit zu fordern und zu fördern. Das Ergebnis „verkauft" er im/ dem Unternehmen zur Vermarktung. Die Außenwirkung der Mentoren, also das von Schumpeter geforderte offensive, bisweilen die Märkte mit der Innovation aufrollende Vorgehen, ist in deren Rolle nicht verankert.

- **Der Geldgeber** (CFO) - Vollmachtgeber der Innovation

Der Finanzverantwortliche stattet den Entrepreneur, über den Akt der Kreditgewährung, mit Kaufkraft aus.

Die Gewährung des Kredits ermöglicht es dem Unternehmer, die Produktionsfaktoren, die er benötigt, der bisherigen Verwendungen zu entziehen. Damit zwingt er Unternehmen und Markt in neue Bahnen. Der Kredit ist also der Hebel für diesen Güterentzug und die Initialzündung für die Neu-Kombination der Produktionsfunktionen.

Der betriebswirtschaftliche Verantwortliche/ Finanzvorstand nimmt in Unternehmen die Rolle des Bankiers ein. Er trägt einen wesentlichen Teil zum Erfolg des Unternehmens durch Innovationen bei. Voraussetzung dafür ist einerseits ein fundiertes Vertrauensverhältnis zum Entrepreneur/ Mentor, um die von diesem beantragten Mittel freizugeben und andererseits aber auch ein stringentes, aber die Innovation nicht im Keim erstickendes Controlling.

An die Stelle des Bankiers als Finanzierungsquelle unterstützen heute Founder, Family und Friends - die 3F's, sowie „Business Angels" – branchenerfahrene, vermögende Privatinvestoren, ehemalige Gründer/ Innovatoren, welche über spezifisches Know-how und Netzwerkbeziehungen verfügen - innovative Gründungen/ Startups.

Innovationsprozesse bleiben heute nicht mehr allein den Unternehmern überlassen. Politik, Wissenschaft und Wirtschaft, sind auf vielfache Weise eng miteinander verflochten, wodurch das zukünftige Innovationsgeschehen neue Organisationsformen fordert.

Standard-Rollen

Agile - wertorientierte Produktgestaltung wird nur schwerlich die gewünschten oder benötigten Erfolge erzielen, wenn das Top-Management diesen radikalen Paradigmenwechsel in der Projektarbeit nicht konsequent vorantreibt und nicht bereit ist, die erforderlichen Randbedingungen zu schaffen.

Akzeptiert das Management jedoch die benötigten Veränderungen und eröffnet den Mitarbeiten/ Teams die benötigten Freiräume - akzeptiert deren Eigenverantwortlichkeit -, so zeigt die Erfahrung aus dem Einsatz agiler Methoden in Unternehmen, dass diese Teams ein enormes Arbeits- und Innovationspensum abzuliefern im Stande sind.

Das Risiko für das Management diese Freiheiten zu gewähren scheint gering, da in überschaubaren Zeitabständen (2 – 4 Wochen) die Ergebnisse der Arbeit präsentiert werden und die Chance zum Eingriff besteht.

## Geschäftsleitung

- Aufgabe
    Minde Change zur Bearbeitung komplexer Projekte anstoßen
    Projekt(e) auswählen und freigeben
    Produktverantwortliche(n) benennen ggf. abberufen
    Bewertungs- und Entscheidungskriterien festlegen
    Projekt entscheiden und starten
    Projekt beenden

- Verantwortung
    Minde Change einfordern und unterstützen
    Umfeld-Bedingungen für die Nutzung Agiler, wertorientierter Projekt-
    arbeit schaffen
    Personelle Ressourcen für den Einsatz in der Agilen, wertorientierten
    Projektarbeit befähigen
    Produkt-Vision aus Unternehmensvision ausleiten oder Konformität
    bestätigen
    Mittel und Ressourcen für die Bearbeitung bereitstellen

- Kompetenz
    Projektarbeit bei Gefährdung der Unternehmensstrategie oder des
    Unternehmens stoppen
    Wirtschaftlichkeit des Projektes bestätigen
    Entscheidung über Erfolg des Projektes treffen.

## Kunde(n) und/oder Nutzer

- Aufgabe
    Wünsche nennen - Geschichten erzählen
    Wünsche in Kunden-Aufträge transformieren – gemeinsam mit dem
    Produktverantwortlichen

- Verantwortung
    Die Konkretisierung der Wünsche unterstützen
    Bewertungskriterien und deren Wertigkeit aus seiner Sicht
    kommunizieren
    Erfahrungswissen aus Anwendung oder Problemen mit aktuellen
    Produkten einbringen
    Mit dem Produktverantwortlichen und Team interagieren

- Kompetenz
    Lösungen akzeptieren
    Lösungen, welche den Anforderungen nicht vollständig entsprechen
    zurückzuweisen.

## Produktverantwortlicher

Charakterisierung:
Einzelperson mit ausgeprägten kommunikativen Fähigkeiten und fundiertem technischen Wissen. Beides versetzt diesen in die Lage, kompetent mit Kunden und Projektbeteiligten zu kommunizieren, deren Wünsche und Anforderungen zu verstehen und zu bewerten.

- Aufgabe
    Kunden-Aufträge gemeinsam mit den Kunden erarbeiten
    Kunden-Aufträge aktuell halten, re-/ priorisieren
    Produkt-Freigabe-Pläne pflegen und aktuell halten
    Kommunikator mit Markt- und Technikverständnis zwischen Projekt, Kunden/ Nutzern und Geschäftsleitung
    Das Projekt orientiert am Markt und betriebswirtschaftlich steuern und führen
    Reifegrade und Risiken darstellen und Handlungsbedarf ableiten

- Verantwortung

    Stakeholder-Interessen berücksichtigen
    Return on Investments des Entwicklungsprojekts maximieren
    Produkt-Vision umsetzen
    (Serien-)Reife der benötigten Inkremente, MVP's, Produkte sichern
    Zielkonflikte (Chancen/Risiken) von Wünschen/ Anforderungen zeitnah aufzeigen
    Risiken und Abweichungen erkennen
    Maßnahmen zur Minimierung von Risiken und Abweichungen einleiten
    Projekt-Entscheidungen vorbereiten
    Entscheidungen bei Kunden und Geschäftsleitung herbeiführen

- Kompetenz
    Fragen bezüglich Anforderungen final entscheiden
    Anforderungen annehmen oder zurückstellen
    Die Fortsetzung einer Entwicklung entscheiden

## Moderator - Prozess-Coach

Charakterisierung:

Moderator und Dienstleister für das Entwicklungs-Team. Er monitort den Prozess und unterstützt das Team, den Prozess an die Anforderungen anzupassen und permanent zu verbessern. Keine Weisungsbefugnis

- Aufgabe

    Das Entwicklungsteam-Team unterstützen, moderieren
    Bei der Beseitigung von Hindernissen unterstützen
    Ergebnisse von Iterationen dokumentieren und bereitstellen

- Verantwortung

    Agiles, Wertorientiertes Denken während der Projektarbeit forcieren
    Eine die Teamarbeit fördernde Umgebung schaffen
    Das Team vor Einflussnahme von außen abschirmen
    Das Herauslösen von Teammitgliedern verhindern
    Feedback am Ende jeder Iteration gemeinsam mit den Teams erarbeiten
    Maßnahmen zur Verbesserung der Prozesse aus dem Feedback gemeinsam mit den Teams festlegen

- Kompetenz

    Einhaltung von Requirements (funktional, Kosten, Termine) unterstützen
    Bewährte Entwicklungs-Methoden einsetzen

## Entwicklungsteam-Team

Das Entwicklungs-Team besteht aus zwei bis sieben Mitgliedern. Alle Fachbereiche, die zur Lösung beitragen können, sollten im Wertanalyse-Team vertreten sein. Das Entwicklungs-Team organisiert die Aufgaben selbstständig und eigenverantwortlich.

Charakterisierung:
Bereichsübergreifend zusammengesetzt entsprechend Aufgabenstellung incl. Mitgliedern mit Testerfahrung ggf. ergänzt um Fähigkeiten wie Business Analysten, ... selbstorganisierend/ eigenverantwortlich; keine von außen formulierte Rolle

Erfolgsvoraussetzung: Vollzeit-Mitgliedschaft, räumlich zusammengefasst

- Aufgabe
    Übernommene Anforderungen vollständig bearbeiten
    Lösungen gegen Anforderungen testen
    Projektrisiken und Maßnahmen zu deren Minimierung aufzeigen

- Verantwortung
    Übernommene Anforderungen als „VOLLSTÄNDIG - DONE"
    bearbeitet definieren
    Intensiv zusammenarbeiten
    An den Besprechungen teilnehmen
    Ergebnisse präsentieren
    Im Prozess lernen und Verbesserungspotenzial aufzeigen

- Kompetenz
    Vereinbarungen mit dem Produktverantwortlichen treffen
    Selbst ständig Wege zum Treffen von Vereinbarungen entscheiden

# Übersicht über Rollen und Kompetenzen

| Schritte und deren Ergebnis | Rollen | | | | |
| --- | --- | --- | --- | --- | --- |
| | Geschäfts-leitung/ Entscheider | Kunde | Produktver-antwortlicher | Moderator – Prozess-Coachr | Entwicklungs-Team |
| 0 Projektauftrag ist erarbeitet/ entschieden | R | K | V | K | K |
| 1 Anwendungsfälle und Einsatzbedingungen sind vereinbart | | V | R | K | I |
| 2. Das Minimum Viable Product (MVP) liegt entscheidungsreif vor | | | R | K | V |
| 3. Realisierung ist entschieden | | V | R | I | K |

Tabelle 1 Rollen und Kompetenzen in der
Agilen, wertorientierten Produktentwicklung

Zuständigkeit entsprechend der Definition der Begriffe

– **V**erantwortlich (Durchführungsverantwortung), für die Durchführung.
– **R**echenschaftspflichtig (Kosten-, bzw. Gesamtverantwortung), verant-wortlich im Sinne von „genehmigen", „billigen" oder „unterschreiben"..
– **K**onsultiert. Nicht direkt an der Umsetzung beteiligt, aber relevant für die Umsetzung hat Einfluss oder führt die eigentliche Arbeit aus
– **I**nformiert (Informationsrecht). Erhält Informationen über den Verlauf oder besitzt die Berechtigung, Auskunft zu erhalten.

# Empowerment – Ermächtigte Selbstbestimmung

Ermächtigte Selbstbestimmung bedeutet, die Macht der Mitarbeiter (Wissen, Fähigkeiten, formale und informelle Netzwerke, ...) positiv zu aktivieren und das Unternehmen für die Zukunft fit zu machen. Der Weg zur Ermächtigten Selbstbestimmung besteht aus einigen wenigen, einfachen Schritten, muss an der Spitze beginnen und braucht einen langen Atem.

Ermächtigte Selbstbestimmung - Voraussetzung für den Erfolg
*Menschen, die nicht informiert sind, können nicht verantwortungsvoll handeln. Menschen, die informiert sind, wollen verantwortlich handeln.*
Daraus lassen sich folgende Schwerpunkte für das Management ableiten:

- Zugang zu Informationen öffnen

Zugang zu Informationen jenseits des *„Abteilungstellerrands"* ist die Grundvoraussetzung, um Mitarbeiter und Unternehmen zu ermächtigen. Dadurch verstehen die Mitarbeitende die aktuelle Situation besser. Das fördert Vertrauen und die Mitarbeitende handeln als seien sie Teilhaber.

- Selbst-Verantwortung durch Abgrenzung schaffen

Für Teams in Innovation-Projekten ist es erforderlich Gestaltungsbereich, Abgrenzungen und zu erreichenden Ziele zu kennen. Denn Ziele werden erreicht, wenn jeder erkennt, wo sein Beitrag am meisten ins Auge sticht. Selbst-Verantwortung durch Abgrenzung hilft, die Vision in Rolle und Ziele der Einzelnen zu übertragen und basierend auf den Wertvorstellungen Entscheidungen leichter herbeizuführen.

- Hierarchie durch selbstgesteuerte Teams ersetzen

Die Rolle als Mitglied in einem selbstgesteuerten Team muss erlernt und trainiert werden.
Die Rolle des Managements ist die des Unterstützers bei der Gestaltung optimaler Rahmenbedingungen für selbstgesteuerte Teamarbeit durch gut informierte und geübte Teams.

- Harte und weiche Effekte selbstgesteuerter Teamarbeit

Die Kenntnis der individuellen Rolle mit der Aufgabe, Verantwortung und Kompetenz erzeugt eine bessere Kommunikation zwischen Management und Mitarbeitern und führt, da nahe am Kunden, zu effizienteren, zeitnahen Entscheidungsprozessen mit verbesserter Qualität. Die Veränderung der Einstellung von „ich muss ...." hin zu „ich möchte ....". basiert auf der resultierenden Zufriedenheit und führt zu größerem Engagement der Mitarbeitenden.

*Abbildung 19 Voraussetzungen für Selbstgesteuerte Teamarbeit*

# Team

5 bis 7 Personen (sinnvolle Anzahl von Teammitgliedern)

- mit gemeinsamen Zielen, Wertvorstellungen, Aufgabenverständnis
- arbeiten eng miteinander, kommunizieren intensiv, stimmen sich ab, tauschen Informationen aus, bearbeiten Aufgaben gemeinsam
- akzeptieren die Spielregeln der Zusammenarbeit
- agieren selbstständig und organisieren sich selbst
- leben ein „Wir-Gefühl"

Vorteile der Teamarbeit im Zusammenwirken mit Produkt Innovation

- Ziele von Kunden, Unternehmen und Teams verschmelzen miteinander.
- Teams haben ein gemeinsames Aufgabenverständnis.
- Teams kennen die Ziele, Arbeitsmethoden und Hintergründe von Entscheidungen und richten ihre Handlungen darauf aus.
- Teams arbeiten in ermächtigter Selbstbestimmung.
- Wissen und Erfahrungen von Kunden, Nutzern und Mitarbeitern werden genutzt und integriert.
- Die Kreativität um Aufträge und Aufgaben zu bewältigen, wird durch die Zusammenarbeit im Team gesteigert.
- Teams reagieren auf veränderte Anforderungen flexibel.
- Information im Team ist zeitnah verfügbar und Kommunikation der Standard.
- Arbeitszufriedenheit und Motivation der Mitarbeiter nehmen zu.

# Kommunikation und Abstimmung

Der hohe Grad an Unsicherheit bei der Bearbeitung komplexer Projekte erfordert die engmaschige Verfolgung von Arbeitsergebnissen und Projektfortschritt.

Diese „Überwachung"

- macht die erarbeiteten Ergebnisse transparent für alle Beteiligten
- stellt sicher, dass die kurzfristigen Ziele erreicht werden
- stellt sicher, dass Risiken thematisiert und Maßnahmen zu deren Bewältigung erarbeitet werden
- eröffnet die Möglichkeit bei erkennbaren Abweichungen in Inhalt und Fortschritt zeitnah gegenzusteuern


Diese engmaschige Verfolgung der Projektarbeit erfolgt auf drei Ebenen.

Teamebene                  Iteration, Tägliche Abstimmung

Projektebene               Iterations-Planung,

Produktebene               Iterations-Review, Iterations- Retrospektive

Kommunikations– und Abstimmungswerkzeuge sind der Vorgehensweise SCRUM© entliehen. In dieser und als diskrete Werkzeuge in klassischen Projekten haben sich diese Werkzeuge bewährt.

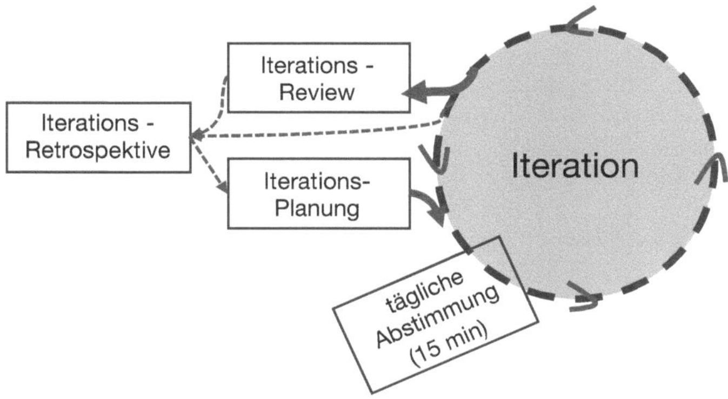


*Abbildung 20 Kommunikations- und Abstimmungswerkzeuge in der Agilen, wertorientierten Produktentwicklung*

# Die Iteration

In einer Iteration werden von einem Entwicklungsteam, bestehend aus 2- bis max 5 Personen fertige (done), verwertbare Objektbestandteile erarbeitet. Der Zuschnitt der Inkremente orientiert sich dabei an der maximal zulässigen Bearbeitungsdauer.

# Iteration-Planung

Der Moderator-Prozess Coach lädt die Teammitglieder zu diesem Meeting ein. Die Dauer des Meetings ist mit max. 8 Stunden begrenzt.
Die Teams wählen in der Iterations-Planung die zur Bearbeitung anstehenden Aufgaben festgehalten in der Funktionalen Leistungs-Beschreibung+ des Produkts aus.

Ihre Wahl stimmen sie hinsichtlich der Priorität mit dem Produktverantwortlichen ab. Die Teams kommitten sich dazu, die übernommenen Umfänge am Ende des festgelegten Bearbeitungszeitraums „fertig – DONE" zu übergeben Diese Festlegungen dienen dazu die Teamanstrengungen in die richtige Richtung zu lenken. Die übliche Dauer einer Iteration beträgt zwischen 2 – 4 Wochen.
Nach Übergabe eines Objektinkrements startet der Prozess erneut solange Aufgaben zur Bearbeitung anstehen.

Die Iteration ist das Herzstück des Vorgehens

Während einer Iteration
- sind Änderungen, welche das Ziel gefährden, nicht zulässig
- werden Zielvorgaben/ Qualitätsansprüche nicht verändert
- ist das Klären und Nachjustieren des Anforderungsumfanges
  zwischen Product-Owner und Entwicklungsteam basierend auf neuen
  Erkenntnissen zulässig

Jede Iteration ist als Projekt mit einer maximalen Dauer von 1 Monat zu verstehen.

# Tägliche Abstimmung

*Tägliches Treffen* des **Entwicklungsteams** *zur gleichen Zeit, am gleichen Ort mit der gleichen Dauer von 15 Minuten* während einer Iteration. Inhalt des Daily sind die Überprüfung der Arbeitsergebnisse der vergangenen, die Planung der Arbeiten für die kommenden 24 Stunden und Durchführung der benötigten Abstimmungen zur Optimierung des Ergebnisses. Antworten auf folgende Fragen werden im Daily von den Teilnehmern erwartet:

- Was habe ich in den letzten 24 Stunden getan, das dem Entwicklungsteam hilft, das Iterationsziel zu erreichen?
- Was werde ich in den nächsten 24 Stunden erledigen, das dem Entwicklungsteam hilft, das Iterationsziel zu erreichen?
- Gibt es aus meiner Sicht Hindernisse, die dem Entwicklungsteam im Wege stehen, das Iterationsziel zu erreichen.


Besteht das Entwicklungsteam bedingt durch den zu bearbeitenden Umfang aus mehreren Arbeitsteams, so vertritt der für das Ergebnis Verantwortliche dieses im Daily.

# Iterations-Review

Am Ende einer Iteration wird ein Iterations-Review durchgeführt in dem sich das Entwicklungsteam und die Stakeholder mit dem Iterations-Ergeb-nis beschäftigen. Die Dauer des Meetings sollte 4 Stunden nicht überschreiten.

Ziel des Iterations-Reviews ist es

* das vorhandene Ergebnis der Iteration vorzustellen, um Feedback der Stakeholder zu erhalten
* die Liste abgeschlossener (DONE), offener und zur Bearbeitung anstehender Aufgaben zu aktualisieren.
* neue, den Wert des Produktes steigernde Aspekte auf Basis erarbeiteter Erkenntnisse und/ oder Erkenntnissen aus dem Markt festzulegen.
* die als nächstes zu bearbeitenden Umfänge gemeinsam auszuwählen und damit Input für die nächste Iterations-Planung zu geben
* Ziele und Erwartungen – Markt und Stakeholder - an das Ergebnis der anstehenden Iteration zu verabschieden
* die Planung – Ablauf-, Test-, Lieferplan - auf Basis des Entwicklungs-fortschrittes inclusive Budget und Ressourcen zu aktualisieren und freizugeben

Teilnehmer des Iterations-Reviews sind

* Stakeholder
* Product Owner
* Moderator – Prozess Coach
* Entwicklungsteam

# Iterations-Retrospektive

Am Ende einer Iteration ist es sinnvoll, dass das Team nicht nur die fachlich, inhaltlichen Ergebnisse, sondern auch die der Teamarbeit überprüft. Zwischen Iteration-Review und der Planung der nächsten Iteration sollte das Entwicklungsteam die Gelegenheit nutzen Verbesserungen im Ablauf und in der Zusammenarbeit aufzuzeigen und zu vereinbaren. Der Moderator – Prozess Coach lädt die Mitglieder des Entwicklungs-teams dazu ein und leitet das Meeting. Die Dauer der Retrospektive ist auf max 3 Stunden begrenzt.

Ziel der Iterations-Retrospektive ist es

- transparent zu machen, wie
  - die Teammitglieder, zusammengearbeitet haben,
  - zwischen den Teammitgliedern interagiert wurde,
  - die Prozesse gelebt wurden und
  - Werkzeuge genutzt wurden
- mögliche Verbesserungen zu formulieren und deren Umsetzung zu priorisieren
- die Umsetzung der entschiedenen Maßnahmen in der nächsten Iteration zu planen und den Vorschlag in die Planung der nächsten Iteration einzubringen

Durch diese Maßnahme ist sichergestellt, dass das Entwicklungsteam kontinuierlich Möglichkeiten zur Verbesserung von Kommunikation und Koordination der Teamarbeit sucht und so den Entwicklungsprozess von Iteration zu Iteration verbessert.

# Produkte – Dokumente

## Projektauftrag

Der Projektauftrag ist neben dem Projektabschlussbericht eines der wichtigsten Projektdokumente. Mit dem Projektauftrag beschreibt der Auftraggeber seine Erwartungen und die roten Linien des Projekts. An diesen Grenzen erwartet er Informationen von den Projekt-Verantwortlichen, um GO/ No-Go-Entscheidungen zu treffen und seine unternehmerische Verantwortung wahrzunehmen.

Wichtige Inhalte des Projektauftrags sind

- Festlegung der Ziele, Randbedingungen des Projekts
- Integration des Projekts in die Unternehmens-Strategie
- Darstellung der Wertigkeit des Projektergebnisses für die Umsetzung der Unternehmens-Strategie
- Festlegung der Projekt-Priorität und Platzierung im Projekt-Portfolio
- Skizze der Projekt-Organisation mit Berichtszeitpunkten (WER, WAS, an WEN)
- Beauftragung des Product-Owners mit der Durchführung des Projekts
- Grobplanung der Projekt-Ressourcen – Personal, Projektkosten
- Grobplanung des Projektablaufs (WANN, WAS, an WEN)
- Festlegung der Roten Linien für das Projekt
- Hinweise auf Lessons-Learned oder Retrospectives ähnlicher bearbeiteter Projekte zur Sicherung organisatorischen Lernens und permanenter Verbesserung
- Freigabe des Projekts zur Bearbeitung

# Projekt - Roadmap

*„Pläne sind wertlos, aber Planung ist alles" sagte Dwight D. Eisenhower*

Pläne sind wichtig, weil sie die Erwartungen an die Ziele, die Strategie und die Ressourcen aufzeigen, die für die Bearbeitung eines Projekts benötigt werden. Mit Plänen können Probleme visualisiert werden, die auf dem Weg wahrscheinlich auftreten und Maßnahmen, entwickelt werden, um die Probleme zu vermeiden und die Erfolgschancen zu verbessern. Pläne sind Brücken zwischen dem Management und dem Entwicklungsteam. Mit dem Aufzeigen des WAS und WIE gewinnt man das Vertrauen und Engagement des Entwicklungsteams und die Zusage des Managements für die zum Erreichen des Ziels benötigten Ressourcen.

Pläne rechtfertigen die Ausgaben der Organisation für das Vorhaben/ Projekt; ohne einen Plan ist es unwahrscheinlich, dass das Management Mittel oder Ressourcen freigibt.

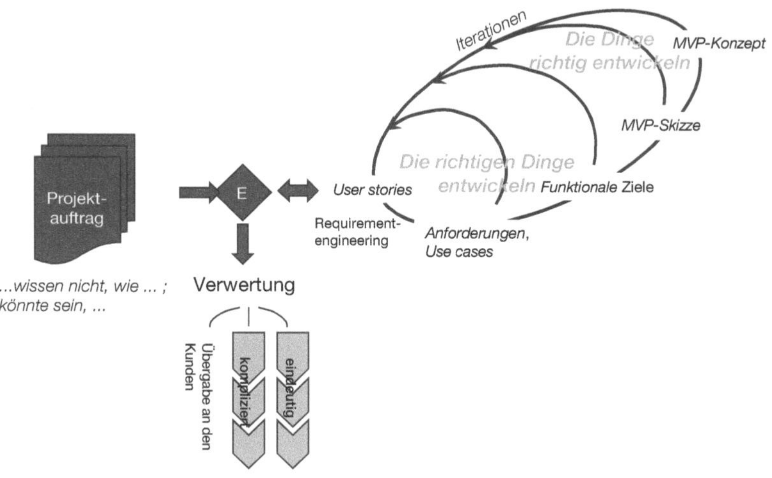


Abbildung 21 Projekt-Roadmap für die Planung

Die Projekt-Roadmap zeigt die im Projekt zu gestaltenden Schwerpunkte mit deren inhaltlichen Entwicklung in den einzelnen Iterationen. Damit gibt sie einen Überblick über das WAS und WANN und ist die Basis für die weitere Ausgestaltung der Schwerpunkte. Die Projekt-Roadmap ist der übergeordnete Plan, um dem Management die benötigten Ressourcen zu vermitteln und diese von freigegeben zu bekommen.

Sind die Ressourcen zumindest für den ersten Schritt freigegeben, verfeinert das Entwicklungsteam gemeinsam mit Kunden/ Nutzern und weiteren Stakeholdern diesen Plan. Ziel ist es herauszuarbeiten, welcher maximale Geschäftswert innerhalb des verfügbaren Zeitrahmens und des zur Verfügung gestellten Budgets erarbeitet werden kann.

Dabei erfolgt die Planung der einzelnen Aktivitäten in Stunden und Wochen und nicht in Monaten und Jahren, wie bei konventioneller Planung

Diese Ausarbeitung ist die Basis für Gespräche mit allen, die Ressourcen für die Entwicklung des Produktes zur Verfügung stellen sollen.

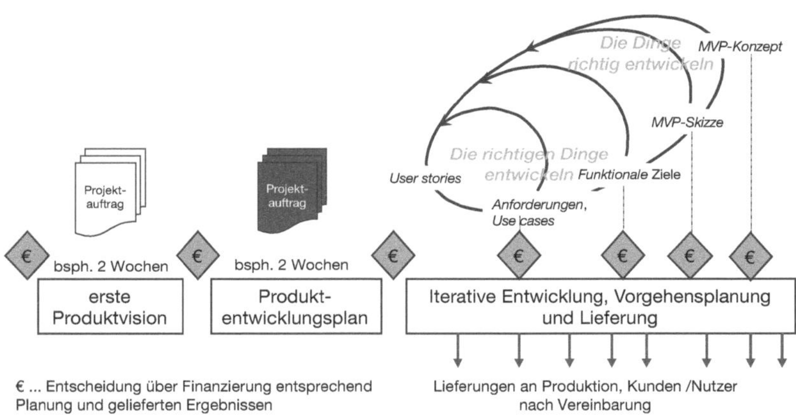


Abbildung 22 Verfeinerung Projekt-Roadmap

Die Projekt-Roadmap definiert:

- das Unternehmensproblem mit Zielen und geforderten Ergebnissen
- die Stufen der Lösungsgestaltung (MVP-Skizze, ...)
- die angestrebten Kundenerlebnisse (UX) in verschiedenen Stufen
- die Produkt-Entstehung mit Partner/n Lieferanten und der Bereitstellung von nutzbaren Umfängen
- die Projekt- und Produkt-Risiken
- das Budget und die Planung der Ressourcen

# Funktionale Leistungs-Beschreibung+ (FLB+)

In der Agilen, wertorientierten Produktentwicklung ist die FLB+ das Dokument in dem alle zur Realisierung ausgewählten nutzerbezogenen Funktionen (NBF) – Überschriften der Use Cases - dokumentiert werden.

Für jede dieser NBF werden die Bewertungskriterien, die zugehörigen Niveaus, deren Flexibilitätsgrad, die durchzuführenden Tests, die zulässigen Herstellkosten und der Zulässige Realisierungsaufwand des Produkts festgelegt.

Die NBF bilden damit die Zusammenfassung von User Stories und Szenarien in Form von Funktionen mit nur einem Minimum an Vorgaben

- Bewertungskriterium
  Merkmal, das zur Bewertung der Leistung eines Produktes dient
- Niveau eines Bewertungskriteriums - Testkriterien
  Spezifikation der Ziele funktionaler Leistungsmerkmale
- Flexibilität eines Niveaus
  Hinweise auf Möglichkeit zur Anpassung des Niveaus.
- Vorgaben
  Leitplanken des Gestaltungsfreiraums so weit als möglich zu reduzieren.
- Tests
  Die zur Validierung/ Evaluierung der Ziele funktionaler Leistungsmerkmale durchzuführenden Tests
- Zulässige Herstellkosten
  Übernahme der Target Costs aus der TP/ TC-Analyse
- Zulässiger Realisierungsaufwand
  Übernahme des Aufwandsziels aus Projektplanung/ Schätzklausur

| Nutzer-Bedürfnis/ Nutzerbezogene Funktion | Bewertungskriterium | Niveau des Bewertungskriteriums | Flexibilität des Niveaus | Vorgaben | Tests | Zulässige Herstellkosten | Zulässiger Realisierungsaufwand |
|---|---|---|---|---|---|---|---|
| Verfügbarkeit anzeigen | Ladung [Ah] | 30 | +5% - 0% | Grafik; digital in Farbe; bei Start Ah oder % | Anzeige-/Farbstabilität: +40°/-30° C | 15,50 € | 500 [h] |
| | Ladungsabnahme in Schritten [Ah] | 0.5 | +5% - 0% | Grafik; digital in Farbe im Betrieb dynamisch | Anzeige-/Farbstabilität: +40°/-30° C | | |
| | Reichweite [km] | 1 | 0.3 | Grafik; digital in Farbe bei Start km im Betrieb dynamisch | Fahrerprobung 200.000 km; +40°/ -30°C | | |
| | | | | | | | |

*Abbildung 23 Funktionale-Leistungs-Beschreibung*

*Ziel der Funktionale Leistungs-Beschreibung+*
Ziel der FLB ist es, das leistungsfähigste und für den Nutzer vorteilhafteste Produkt zu generieren. Die gewählte Beschreibung der Funktion muss verständlich sein und die Entwickler zum bestmöglichen Ergebnis für den Nutzer anregen.

# Iterations-Leistungs-Beschreibung

Die Iterations-Leistungs-Beschreibung (ILB) ist die Übersicht über die aus der FLB zur Bearbeitung in der anstehenden Iteration ausgewählten Funktionen.

Die in der FLB erfassten Funktionen werden beschrieben durch

- die Funktion
- das erforderliche Niveau incl. Bewertungskriterium
- für das Erreichen des Niveaus geltende Flexibilität
- Vorgaben, welche den Lösungsfreiraum einschränken
- Tests, die zur Validierung/ Evaluierung der Ziele durchzuführen sind
- die zulässigen Herstellkosten
- den zulässigen Realisierungsaufwand

Diese Kriterien sind die Prüfkriterien anhand derer das Team die Entscheidung trifft:

- „DONE" - Weitergabe zu Integration/ Abschluss der Aufgabe - oder

- Übernahme in die folgende Iteration da nicht vollständig bearbeitet.

Den Funktionen werden vom Entwicklungsteam die für die Bearbeitung nötigen Aktivitäten zugeordnet.

Damit beschreibt die ILB den vom Entwicklungsteam zur Bearbeitung in der Iteration ausgewählten Funktionenumfang mit Zielen und Prüfkriterien.

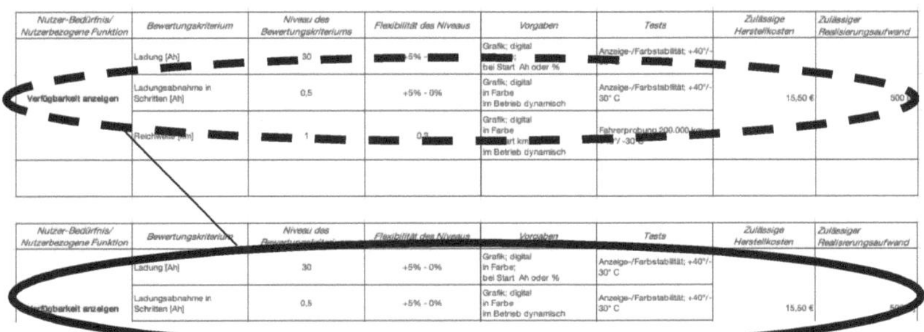


Abbildung 24 Iterations-Leistungs-Beschreibung ausgeleitet aus der Funktionale-Leistungs-Beschreibung

# Kanban

Ein wesentlicher Bestandteil von Lean Production ist Kanban. Kanban stellt sicher, dass die vorgelagerte Fertigungseinheit nur genau das und soviel produziert, wie die nachgelagerte Fertigungseinheit zur Erfüllung ihrer Aufgabe benötigt. Dieses Prinzip wird im Entwicklungs-Kanban auf den Entwicklungsprozess übertragen.

Entwicklungs-Kanban nutzt agile Ansätze und kann einfach mit klassischen Projektmanagement-Methoden kombiniert werden. Entwicklungs-Kanban ist eine Methode, mit welcher der Entwicklungsfortschritt geplant und visualisiert werden kann, um diesen zu verfolgen und zu controllen.

Schritte und Inhalte
1.  Zu erarbeitende Funktionen festhalten (Kärtchen), Prioritäten festlegen, in „Nicht begonnen" anbringen
2.  Funktion zur Bearbeitung wählen → in Spalte „in Arbeit" ziehen
3.  Tägliches Stand Up-Meeting - Bearbeitungsstand und Abstimmung
4.  Funktion fertig bearbeitet → in Spalte „DONE" ziehen.

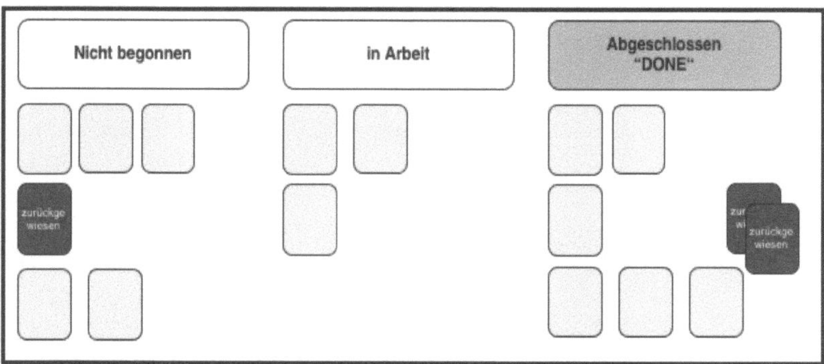


*Abbildung 25 Kanban - Board*

# Projekt-Abschlussbericht

Mit dem Projektauftrag beschreibt der Auftraggeber seine Erwartungen und die roten Linien des Projekts. Der Projekt-Abschlussbericht gibt einen Überblick über den Nutzenbeitrag, den das Projekt-Ergebnis den Kunden und dem Unternehmen bringt und die dafür eingesetzte Ressourcen. Dieses Verhältnis von Nutzenbeitrag zu eingesetzten Ressourcen zeigt den Wert des Projektergebnisses für das Unternehmen.

Wichtige Inhalte des Projekt-Abschlussberichts sind

- die erreichten Ziele des Projekts ggf. mit Änderungen und genehmigten Verfehlungen
- die durch den Kunden bestätigte Akzeptanz des Ergebnisses oder von Teilergebnissen
- die Integration des Projektergebnisses in das Unternehmen
- die Darstellung des Wertes des Projektergebnisses für die Unternehmens-Strategie
- die Übersicht über den Verbrauch an Projekt-Ressourcen – Personal, Projektkosten
- die Dokumentation des Projektablaufs (WANN, WAS, an WEN)
- Lessons-Learned oder Retrospectives zur Sicherung organisatorischen Lernens und permanenter Verbesserung
- die Bestätigung des formalen Projekt-Abschlusses und Entlastung der Beteiligten

# Agile, wertorientierte Methoden in der Produktentwicklung

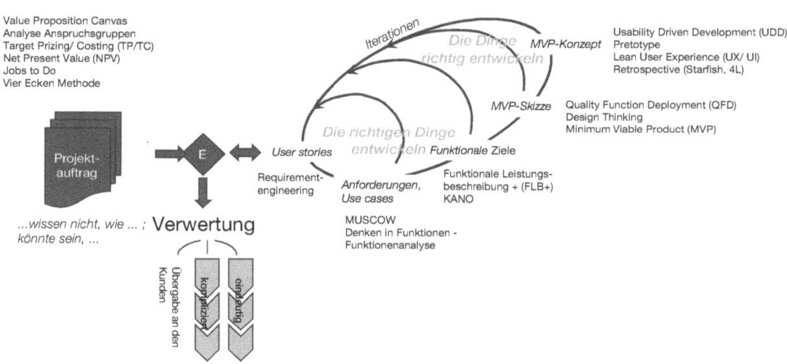


*Abbildung 26 Vorgehensmodell – Agile, wertorientierte Produktentwicklung*

Der Arbeitsplan für die Agile, wertorientierte Produktgestaltung und darin empfohlene Methoden haben die Anforderungen der angedachten Zielgruppe zu erfüllen. Die Zielgruppe ist breit gefächert und reicht von Nutzer/ Anwender über Entwickler der unterschiedlichen Bereiche, Servicemitarbeitern bis hin zu Recycling/ Verwertung.

Daher müssen Methoden integriert werden, welche von den Zielgruppen als bekannt und als für die Projektarbeit relevant/ interessant bewertet werden. Im Folgenden werden einige integrations-relevante Methoden kurz beschrieben und deren Verortung im Ablauf skizziert.

# Die Produktentwicklung planen und budgetieren

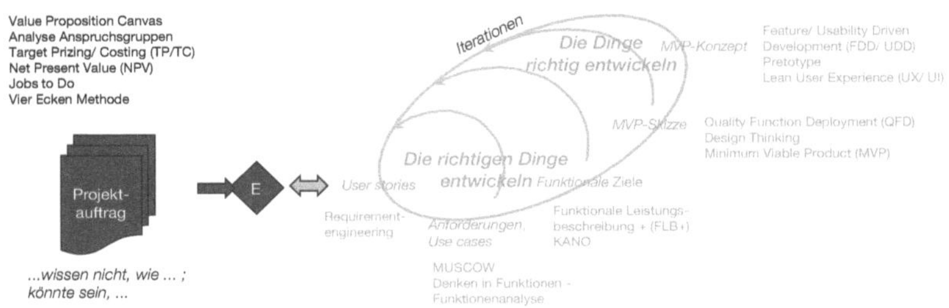


*Abbildung 27 Projektauftrag formulieren - Methoden*

## Value Proposition Canvas

Die Value Proposition Canvas bietet die Möglichkeit, die Kundenwünsche, orientiert an einem vorgegebenen Raster zu erfassen und zu visualisieren. Dazu wird die Zielgruppe analysiert und auf deren Bedürfnisse und Probleme eingegangen. Dies ermöglicht es fokussiert Produkte, die Wert und Nutzen generieren und aus diesem Grunde für den Kunden interessant sind, zu entwickeln.

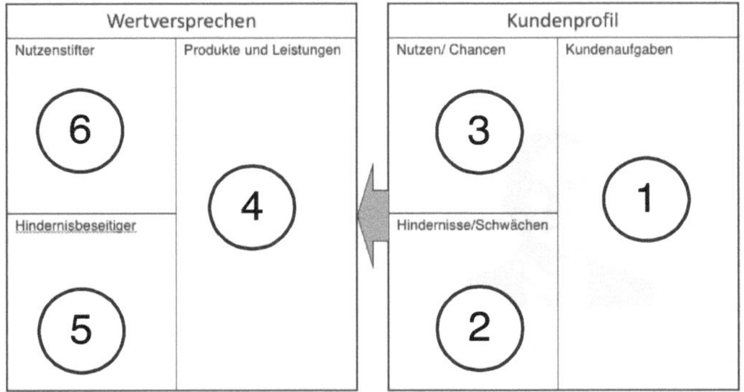


*Abbildung 28 Value Proposition Canvas*

## Anspruchsgruppen analysieren - Kunden segmentieren

Die relevanten Anspruchsgruppen, ihre Interessen und Bedeutung für das Unternehmen und abgeleitet daraus für das Projekt einschätzen und klären.
Anregungen geben für den Umgang mit den Interessen, Anforderungen und Bedürfnissen der Anspruchsgruppen


## Jobs to be DONE

Job-Mapping, dekomponiert einen Auftrag von Anfang bis Ende in diskrete, zu bearbeitende Einzelschritte - Jobs to be DONE. Dadurch ergibt sich ein vollständiger Überblick - Schritt für Schritt - über alle Punkte, an denen ein Kunde mehr Hilfe wünscht und die er von Produkten und Dienstleistungen derzeit nicht oder nur unvollständig geboten bekommt. Job-Mapping legt auch die Messsonden und Messkriterien frei, welche der Kunde benutzt, um Erfolg zu bestimmen.
Aus der Perspektive des Kunden werden die für spezifische Aufgaben relevante Prozessschritte durchlaufen, und jene identifiziert, an denen der Kunde mit alternativen Lösungen unterstützt werden kann.
Kunden nutzen Produkte, Dienstleistungen, Software und Ideen, um Aufgaben zu bewältigen.
Chancen für Innnovationen und Wachstum ergeben sich aus der intensiven Untersuchung von Arbeitsschritten, eingesetzten Produkten und benutzten Dienstleistungen, um ein benötigtes Ergebnis zu erzielen, und dem Erkennen von Möglichkeiten zur positiven Veränderung aus Sicht des Kunden.

# Target Prizing – Target Costing

## Target Prizing

Die Ziel-Preis-Festlegung ist die Definition eines anzustrebenden Verkaufspreises, um bei einer angenommenen Absatzmenge den gewünschten Return on Investment ROI, inclusive eines benötigten Gewinns für das neue oder überarbeitete Produkt, zu erzielen. Basis dafür ist die Preisposition des eigenen und der Wettbewerbsprodukte im Markt. Aus dieser ergeben sich Handlungsempfehlungen für die Gestaltung bzw. Überarbeitung des Produkts in Hinblick auf Preis-Würdigkeit und Kundennutzen. Darüber hinaus ergeben sich auch Hinweise zu Erlöspotenzialen der neuen bzw. überarbeiteten Produkte durch gezielte Preisgestaltung.

## Target Costing

Zielkosten-Festlegung ist das methodische Vorgehen die zulässigen Ziel-Herstellkosten für ein Produkt auf Basis der mit Target Prizing erarbeiteten Wettbewerbsinformationen festzuschreiben. Die definierten Ziel-Herstellkosten werden auf Teil-System bis bsph. Komponenten-Ebene heruntergebrochen. Sie bilden den Kostenrahmen für die Entwicklung bzw. Optimieren des spezifischen Produkts. Die Formulierung der Ziel-Herstellkosten basiert auf einem weitreichenden, in den Gesamtprozess der Produkt Innovation eingebetteten Kostenplanungs-, Kostensteuerungs- und Kostenkontrollprozess. Das Erreichen der Zielkosten wird durch bekannte Kostenrechnungsverfahren unterstützt

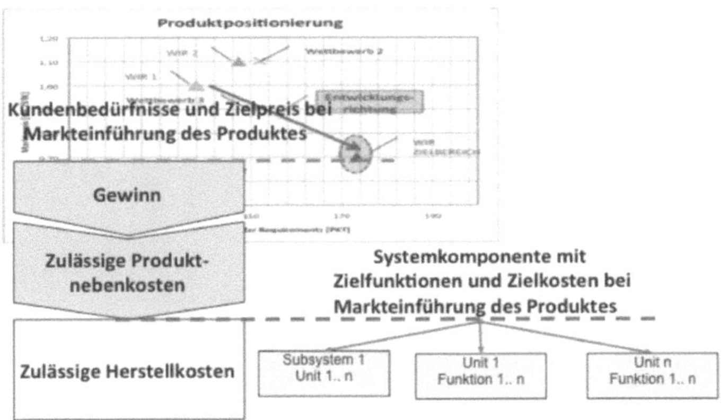


*Abbildung 29 Target Costing – Ableitungs-Prozess*

# Aufwand, Ressourcen, Kosten ermitteln

Den Aufwand, die für die Bearbeitung benötigten Ressourcen und im weiteren Verlauf die zu antizipierenden Produktkosten zu ermitteln ist für komplexe Probleme eine Herausforderung. Das Entwicklungsteam bewegt sich bei komplexen Projekten sehr oft im Bereich von Grundlagen- bzw. Vorentwicklung in dem Ziele und Randbedingungen eher unscharf sind und der einzuschlagende Lösungsweg schemenhaft ist.
Diese Unschärfe beeinflusst das Ergebnis, sodass Absolute Größen dafür anzugeben weitgehend unmöglich ist. Der einzige gangbare Weg den Aufwand und die Ressourcen zu bestimmen ist, diese relativ zu bewerten.

Für agile Projektarbeit typische und in der Arbeit bewährte Schätzmethoden sind:
- Planning Poker
- Schätzklausur.

| Schätzklausur | | | | |
|---|---|---|---|---|
| Projektname | Test | | Seite 1 von 1 | |
| Projektnummer | 0 | | akt. Datum | 28.10.12 |

| | | Größe, Gewicht, Tätigketsumfang | | | Summe |
|---|---|---|---|---|---|
| | | klein /niedrig | mittel | groß /hoch | [MT] |
| Komplexität | gering | 4 | 3 | 2 | 20 / 30 / 30 |
| | | 5 | 10 | 15 | **80** |
| | mittel | 1 | 2 | 2 | 10 / 30 / 40 |
| | | 10 | 15 | 20 | **80** |
| | hoch | 0 | 2 | 1 | 0 / 40 / 25 |
| | | 15 | 20 | 25 | **65** |
| | | | | Gesamtaufwand | **225** |

*Abbildung 30 Schätzklausur*

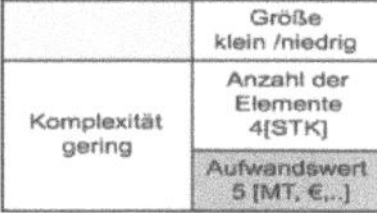

# Target Cost plausibilisieren

Die erarbeiteten und vereinbarten Sub-System-, Baugruppen-/ teilkosten sollten bei Vorliegen erster Systemskizzen bzw. der ersten Software-Architektur plausibilisiert werden.

Entwickler traditioneller Technologien wie auch Software-Entwickler fokusieren den Kunden, seine Bedürfnisse und beschreiben diese mittels Funktionen.

Die **Function-Point-Analyse** (ISO/IEC 20926), von Allen J. Albrecht in der 1970er Jahren entwickelt, dient zur Bewertung des fachlich-funktionalen Umfangs eines Softwaresystems. Hierzu wird der **Functional Size** des zu gestaltenden Umfangs durch 5 Elementarprozesse/ Funktionen beschrieben und mittels Punkte bewertet. Die International Function Point User Group IFPUG pflegt und entwickelt die Methodik und einen Datenbestand von bearbeiteten und bewerteten Projekten als Referenzbasis.

Das Methodisches Konstruieren nach Beitz & Pahl beschreibt ein System mit Hilfe von 6 Standardfunktionen und deren Umkehrung. Diese 6 Standardfunktionen sind vergleichbar den 5 Elementarprozessen der FPA.

| Methodisches Konstruieren | | Function Point Analysis |
|---|---|---|
| erzeugen | vernichten | Daten eingeben |
| speichern | entleeren | Daten ausgeben |
| leiten | sperren | Daten transferieren |
| ändern | (rück) ändern | Int. Daten pflegen |
| wandeln | (rück) wandeln | Ext. Daten pflegen |
| verknüpfen | verzweigen | |

Tabelle 1 Vergleich Funktionen „Methodisches Konstruieren" und „Function Point Analysis"

Die Entwicklungskosten im Bereich der traditionellen Technologien werden bedingt durch die Vielfalt von Lösungen basierend auf Vergangenheitswissen geschätzt.

Da die Anzahl hybrider Produkte stetig zunimmt, wächst auch die Notwendigkeit die zu erwartenden Kosten für Entwicklung, Anpassung/ Optimierung und Produkt zeitnah und belastbar zu ermitteln. Diese Entwicklung nötigt zur Gestaltung einer ganzheitlichen, von beiden Seiten - traditionellen und Software-Entwicklern - verstandenen und nachvollziehbaren, Bewertungsmethode.

# Net Present Value Methode (NPV)

Der NPV wird genutzt, um die Profitabilität einer Investition oder eines Projekts zu analysieren. Dazu wird die Differenz zwischen den aktuellen Einnahmen und den aktuellen Ausgaben aufgezeigt wobei ein positiver NPV signalisiert, dass das Projekt profitabel ist und Gewinn erzeugt, ein negativer NPV signalisiert Verluste.

Die verwendete Formel lautet

$$NPV = \sum_{t=1}^{T} \frac{C_t}{(1+r)^t} - C_0$$

Formel 2 Berechnung Net Present Value NPV

$C_t$    Einnahmen während der Periode t
$C_0$    Summe aller zu Beginn getätigten Investitionen
r    Zinssatz
t    Anzahl Perioden (Mon, Jahre)

# 4-Ecken Methode

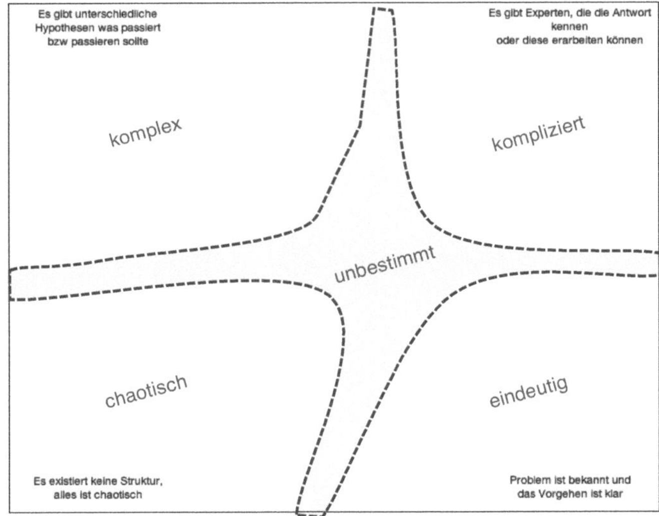


*Abbildung 31 4-Ecken Methode*

## Schritte und Inhalte

1. Auf einem DIN A0 Blatt die Ecken wie gezeigt beschriften
2. Jedes Thema, jeden Aspekt auf eine Karte (Post-It) schreiben
3. Die Karten eine nach der anderen auf das große Blatt zwischen die einzelnen Charakterisierungen platzieren
4. Karten, welche nicht zuordenbar sind, in der Mitte (Feld - nicht eindeutig zuordenbar) anordnen
   Es gibt keine richtige oder falsche Zuordnung einer Karte. Die Zuordnung erfolgt individuell.
5. Die Positionierung der Karten erfolgt nicht nur zwischen zwei, sondern zwischen allen vier Charakterisierungen
6. Nachdem alle Karten platziert sind werden die Grenzlinien entsprechend der Zuordnung der Karten gezogen
7. Können Karten nicht eindeutig einem Feld zugeordnet werden, ist zu hinterfragen, ob diese nicht zwei Themen beschreiben. Wenn ja, die Inhalte trennen.
8. Die Felder, in denen die Karten platziert sind, geben die Bearbeitungsstrategie vor.

# Methoden zur Gestaltung der Arbeitsinhalte Iteration 1 und 2

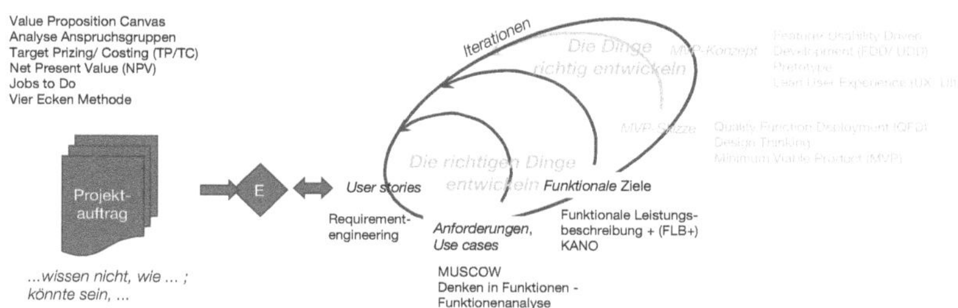


*Abbildung 32 Iteration 1 und Iteration 2 - Methoden*

## Requirement Engineering

Das Requirements engineering für Agile, wertorientierte Produktgestaltung unterscheidet sich nachhaltig von der herkömmlichen Art der Erstellung eines Lastenhefts.

Die wichtigsten Aspekte dabei sind
Das *WOZU?* der Anforderung erfassen in Kurzgeschichten

*WER?* Welche Person stellt die Anforderungen an eine Funktionalität

*WAS?* hat das Produkt zu erfüllen zusammengefasst in einem Dokument, der Funktionalen Leistungsbeschreibung +.

Die Kunden-/ Nutzerperspektive in originärer Form wiedergeben, um die exakte Intention hinter Kundenanforderungen und deren Abnahme-/ Testkriterien zu verstehen.

Kunden/ Nutzer-Anforderungen ändern sich –Kurzgeschichten sind offen für Änderungen

Akzeptanz-/ Abnahmekriterien kennen die Entwickler bereits zu Beginn ihrer Arbeit.

Kurzgeschichten und die 3K –Regel
Kurzgeschichten basieren auf einem Dialog zwischen Menschen. Eine Kurzgeschichte ist solange unvollständig, solange keine Diskussion darüber erfolgt ist.

# Die 3 K-Regel

Karte
> Kurzgeschichten auf Notizkarten erleichtern ein gemeinsames
> Verständnis der Nutzeranforderungen bei allen Stakeholdern.

Kommunikation
> Wechsel zwischen Funktionen und Features niederschreiben und über
> diese diskutieren (Kunden/ Nutzer und Entwickler).

Konsens und Bestätigung
> Kunden/ Nutzern und Entwicklern bestätigen, dass die Kurz-
> geschichte richtig verstanden wurde und das Ergebnis den
> Erwartungen entspricht

Validierung von Kundenanforderungen
Die Bewertung von Kunden-Anforderungen ist mit den erfassten Akzep-
tanz-Kriterien klar festgelegt. Dies gilt auch für jede Kurzgeschichte.
Beides sichert die Kundenzufriedenheit und wird mit dem Entwicklungs-
Team zum frühestmöglichen Zeitpunkt kommuniziert

Periodisches Feedback
Periodisches Feedback ist ein integraler Bestandteil des Arbeitens mit
Agiler, wertorientierter Projektarbeit. Das Feedback wird periodisch in die
Projektarbeit eingegliedert.

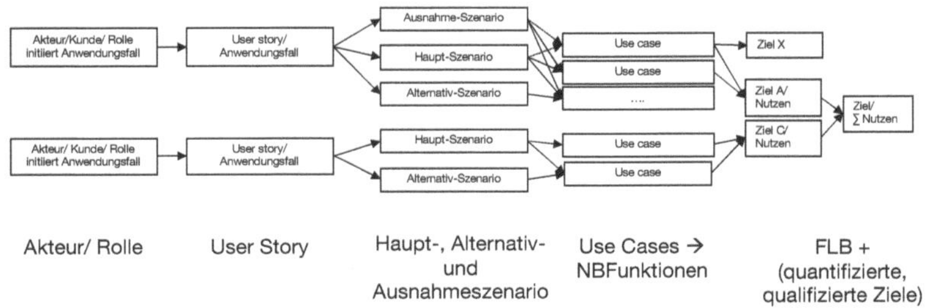


*Abbildung 33 Von der User Story zur FLB+ und Zielen*

*Akteur/ Rolle* – entspricht einem Nutzer/ -gruppe/-rolle als Stakeholder
des Objekts bsph. Bediener, Servicemitarbeiter, ...
Der Kunde ist für die systematische Erarbeitung der Kundenanforderungen zuständig

*User Stories*
sind ein Planungsinstrument und bilden einen Platzhalter zur Entwicklung
von Use Cases. Jede User Story sollte sechs Eigenschaften aufweisen:

**I**ndependent (unabhängig)
**N**egotiable (verhandelbar)
**V**aluable (werthaltig für User oder Kunden)
**E**stimable (abschätzbar)
**S**mall (klein, überschaubar)
**T**estable (testbar)


*Haupt-, Alternativ- und Ausnahmeszenario*
Szenarien sind eine sinnhafte Zusammenfassung mehrere User Stories.
Das *Hauptszenario*, dokumentiert die normalerweise ausgeführte
Interaktionsfolge, um eines oder mehrere mit dem Szenario assoziierte
Ziele zu erfüllen.
Ein *Alternativszenario* definiert eine zum Hauptszenario alternative
Interaktionsfolge.
Das *Ausnahmeszenario* beschreibt das Ergebnis einer Interaktionsfolge,
das die Erfüllung eines oder mehrerer mit dem Szenario assoziierten Ziele
verhindert.


*Use Cases*
dokumentieren die Anforderungen in einer für Kunden und Entwicklung
akzeptablen und langfristigen Form.
Use Cases werden in der Agilen, wertorientierten Produktentwicklung
zielführend als „Nutzer Bezogene Funktionen (NBF)" beschrieben

Ziel
Ziele beschreiben die *Nutzer Bezogene Funktionen (NBF)"*mittels Kriterien
z.B. Bewertungskriterium, Niveau, Flexibilität, ....
In der Funktionalen Leistungs-Beschreibung+ (FLB+; lösungsneutrales
Lastenheft), dem Lead-Dokument Agiler, wertorientierter Produktentwick-
lung werden die Ziele festgehalten.

# Funktionen – Funktionenanalyse - Funktionenkosten

*Eine Funktion im Sinne der Agilen, wertorientierten Produktentwicklung ist jede einzelne Wirkung eines Produktes oder seiner Bestandteile.*

Eine Funktion beschreibt die Wirkungen und Ziele eines Produktes, einer Dienstleistung oder eines Hybrids aus beiden mit Hilfe eines Hauptworts (Ausgang der Wirkung) und eines Tätigkeitswortes (die Wirkung).
Eine Funktion ist eine allgemeine Aussage, was benötigt und ausgeführt werden soll, ohne die Mittel anzugeben. Die funktionale Beschreibung für die Instandhaltung einer Anlage lautet: Service durchführen

*Die Funktionenanalyse ist ein Prozess, der die Funktionen und deren Beziehungen, welche systematisch dargestellt, klassifiziert und bewertet sind, vollständig beschreibt.*

Es gibt zwei Arten von Funktionen
- Nutzerbezogene Funktionen (NBF) sind erwartete oder erbrachte Wirkungen eines Produktes, um einen Teil der Bedürfnisse (Use Cases/ Szenarien) eines bestimmten Nutzers zu erfüllen.
- Produktbezogene Funktionen (PBF) sind die Wirkungen eines Bestandteiles dessen Ziel die Erfüllung nutzerbezogener Funktionen ist. Die produktbezogenen Funktionen einer Gesamtlösung bestimmt der Entwickler
  - Die Sonderform der PBF sind die unerwünschten Funktionen Dies sind Funktionen, die **nachteilige Wirkungen** für den Nutzer bieten. Sie beeinflussen den Wert eines Produktes negativ. Unerwünschte Funktionen bilden Ausnahmeszenarien ab, die die Erfüllung eines oder mehrerer mit Use Cases verhindert

Funktionenkosten
*Die Gesamtheit der geplanten oder angefallenen Aufwendungen, damit eine Funktion in einem Produkt bereitgestellt werden kann*

Zur Ermittlung der Funktionenkosten werden die zulässigen Herstellkosten einsprechend der Wertigkeit der Funktionen für den Kunden /Nutzer auf den einzelnen Funktionen zugeordnet.

Aus den Funktionenkosten können in einem nächsten Schritt, die Kosten für die Funktionenträger - Bauteile, Software, Dienstleistungen, ... , -die zur Realisierung der Kundenanforderungen benötigt werden abgeleitet werden

# MuSCoW

Auswählen und priorisieren der zu bearbeitenden Funktionen. Durch die Priorisierung wird sichergestellt, dass das Team die wichtigsten Funktionen so schnell wie möglich umsetzt und das Produkt oder Module davon frühestmöglich zum Einsatz kommen.

Die MoSCoW-Methode, erarbeitet und publiziert von Dai Clegg, Oracle UK 1994, teilt jede Funktion in eine von vier Kategorien ein. Die Anfangsbuchstaben der Kategorien bilden zusammengefügt die Bezeichnung MoSCoW.

Die Kategorien
Must-have-Funktionen

    Funktionen, die essenziell für die Anwendung und daher unbedingt umzusetzen sind.

Should-have-Funktionen

    Funktionen, die nicht zwangsläufig umgesetzt werden müssen, aber dennoch hohen Nutzen für den Anfordernden haben.

Could-have-Funktionen

    Funktionen, für die häufig die Bezeichnung „nice to have" verwendet wird.

Won't-have-Funktionen

    Funktionen, die nicht grundsätzlich verzichtbar sind, jedoch nicht in der anstehenden Iteration umgesetzt werden sollen.

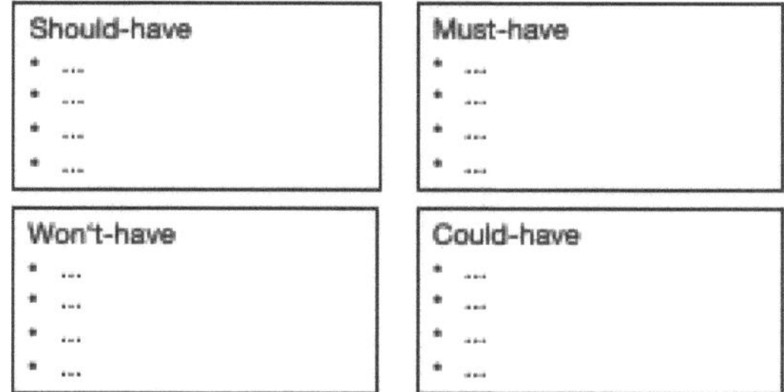


*Abbildung 34 Muscow Methode zur Priorisierung von Themen*

# Funktionale Leistungs-Beschreibung+ (FLB+ )

Siehe Seite 49

# Die KANO Methode

Welche Funktionen haben einen überproportionalen Einfluss auf die Kundenzufriedenheit und welche sind ein absolutes Muss in den Augen der Kunden.

Produktfunktionen besser zu erfüllen bedeutet nicht unbedingt ein höheres Maß an Kundenzufriedenheit zu erzielen, vielmehr sind es die Anforderungsarten, die die zu erreichende Produktqualität und damit die Kundenzufriedenheit definieren.

Dazu unterscheidet KANO (KANO, 1984) drei Arten von Produktanforderungen, welche unterschiedlich die Kundenzufriedenheit beeinflussen:

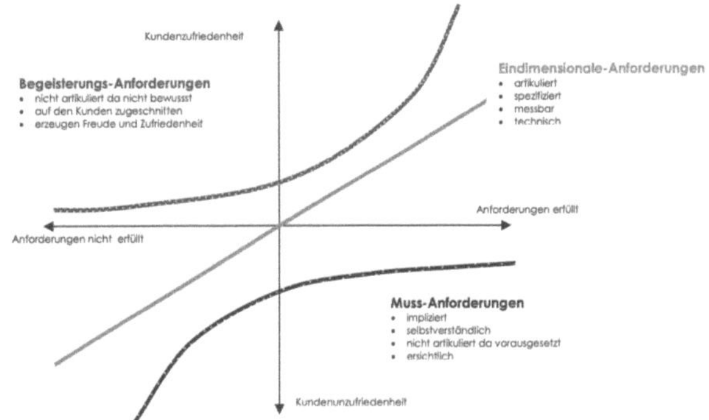


Abbildung 35 KANO-Modell Bewertungsbereiche

*Muss-Anforderungen:* Nichterfüllen dieser Anforderungen bedeutet gravierende Unzufriedenheit beim Kunden. Der Kunde erachtet die Erfüllung dieser Anforderungen als selbstverständlich, wodurch aus deren Erfüllung keine Steigerung der Kundenzufriedenheit erwächst, deren Fehlen führt aber zum absoluten Kunden-Desinteresse.

*Eindimensionle Anforderungen:* Kundenzufriedenheit ist gleich zu setzen mit der Höhe des Erfüllungsgrades. Eindimensionale Anforderungen werden in der Regel vom Kunden genau beschrieben und spezifiziert.

*Begeisterungs-Anforderungen:* Diese Anforderungen sind Produktkriterien, die darüber entscheiden, wie zufrieden ein Kunde mit einem Produkt ist. Begeisterungs-Anforderungen werden vom Kunden weder explizit artikuliert noch von diesem in irgendeiner Weise erwartet.

Werden derartige Anforderungen erfüllt, so führt dies zu überproportionaler Kundenzufriedenheit. Bleiben diese Anforderungen aber unberücksichtigt, so erzeugt deren Fehlen keine Unzufriedenheit.

# Methoden zur Gestaltung der Arbeitsinhalte Iteration 3

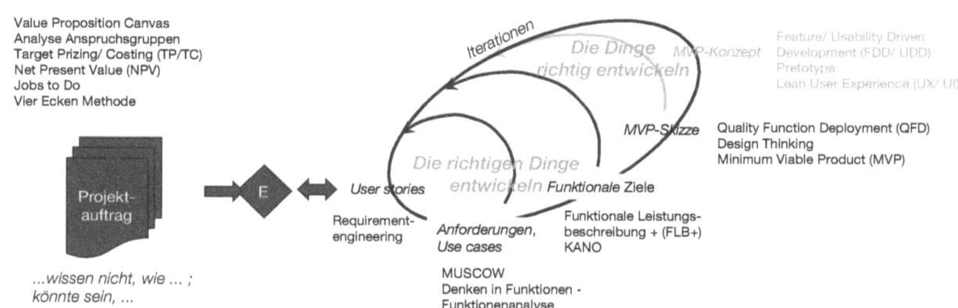


*Abbildung 36 Iteration 3- Methoden*

## Quality Function Deployment

Quality Function Deployment hat zur Aufgabe die Sprache der Kunden in die der Ingenieure zu übersetzen. Je komplexer ein Produkt nach außen ist – Schnittstelle Kunde - Produkt – umso anspruchsvoller und schwieriger ist es, die Kundenforderungen zu erkennen, richtig zu wichten und in attraktive Produktkonzepte zu übersetzen.

Das House of Quality (erstes eye), bildet die Schnittstelle zum Markt ab und dient dazu, die Kundenforderungen korrekt und vollständig zu erfassen.

In der Produkt-Planung werden große Kostenumfänge, 70 – 80% der Herstellkosten des zukünftigen Produkts, festgelegt. Aus diesem Grunde ist es notwendig, ein durchdachtes Produktkonzept welches das zu entwickelnde Produkt aus Sicht des Kunden mit den Produkt-eigenschaften, dem Produktnutzen, dessen Ausprägungen und dem Aussehen des Produkts beschreibt, zu entwickeln.

Erst danach folgt das technische Produktkonzept. Dieses enthält bereits technische Lösungen und Vorschläge und ist aus dem kundenorientierten Produktkonzept abgeleitet.

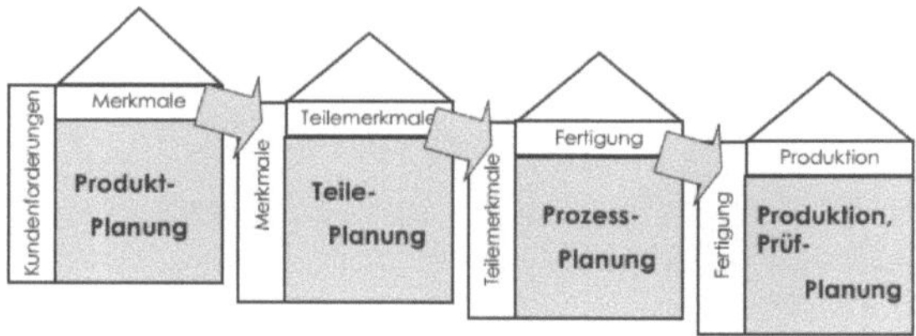


*Abbildung 37 Quality Function deployment - 4 Stufen*

# Design Thinking

Design Thinking ist ein Ansatz zum Lösen von Problemen und zur Entwicklung neuer Ideen. Design Thinking wird als ein aus den drei gleichwertigen Grundprinzipien Team, Raum und Prozess bestehender Ansatz beschrieben. Die Voraussetzung mit diesem Vorgehen erfolgreich zu sein ist das Vorhandensein von Empathie.

## Empathie

Empathie wird als die Fähigkeit und Bereitschaft bezeichnet Gedanken, Emotionen, Wünsche einer anderen Person zu erkennen und zu verstehen. Um alle Inhalte einer Mitteilung voll zu erfassen müssen unsere „vier Ohren" empfangsbereit sein. Das bedeutet aktives Zuhören – die Anforderungen und Wünsche erfassen, offen hinterfragen und das Gesagte mit eigenen Worten zusammenfassen.

## Kreativer Prozess

Der kreative Prozess oszilliert, analog zum Vorgehen in der agilen wertorientierten Projektarbeit, zwischen der Zusammenarbeit mit Kunden/ Nutzern und dem Entwickeln und Experimentieren/ Testen von Prototypen. Zwischen den Arbeitstakten Kunden/ Nutzer einbinden und gestalten, wird die Anforderung hinterfragt und es werden neue Ideen, diese zu lösen, generiert.

## Verstehen und Begreifen

Erkenntnisse durch Auseinandersetzung mit Personen gewinnen. Die Kernaussage von Design Thinking ist – Setze dich mit Kunden/ Nutzer, auseinander, denn das grundlegende Verstehen führt zu neuen Perspektiven, die ihrerseits neue Lösungsansätze hervorbringen.

## Experimentieren/ Prototyping

Prototypen erstellen ist ein fast magischer Ansatz, um Diskussionen in einem Team zu stoppen und damit loszulegen etwas zu bauen. Prototypen unterstützen die Auseinandersetzung mit den Kunden/ Nutzern und helfen diesen besser zu verstehen, für Klarheit zu sorgen.

## Ideensprudel

Das Geheimnis des Ideensprudels ist, dass gute Ideen das Ergebnis guter Fragen sind. Das bedeutet das Arbeitsteam mit provokanten Aussagen zu neuen Ideen zu provozieren. Diese Aussagen sind am wirkungsvollsten, wenn sie aus Erkenntnissen über die Kunden/ Nutzer und über die Herausforderungen des Auftrags abgeleitet sind.

# Minimum Viable Product (MVP) Eric Ries

Das Minimum Viable Product ist ein Prototyp des späteren Produkts, welcher alle Merkmale, die gemeinsam mit dem Kunden getestet werden sollen, enthält. Das gilt nicht nur für die technischen und gestalterischen Merkmale, sondern auch für Vertriebs- und Absatzkanäle. Die Entwicklung des MVPs ist ein iterativer Prozess, orientiert am Built - Measure – Learn – Cycle d.h. er wird, bis das Endprodukt vertriebsfertig ist, wiederholt.

## Philosophie – schnell und einfach

Der Grundgedanke ist ein Produkt, nur mit den nötigsten Funktionen ausgestattet, zu generieren mit dem die Kunden bereits zu einem sehr frühen Zeitpunkt mit ins Boot genommen werden können. Feedback und Anregungen werden in der Folge in den Entwicklungsprozess integriert und reduzieren so das Entwicklungsrisiko nachhaltig. Das MVP sollte keine über die Grundfunktionen hinausgehenden Funktionen aufweisen. Das erspart eine Menge Zeit, Aufwand und Geld...

## Minimum Viable Products erstellen

Ein Großteil der Herausforderungen, welche im Zuge der Erstellung des MVPs zu lösen sind, lassen sich durch geschicktes Verwenden bereits vorhandener Vorgehensweisen, Informationen, Techniken und Werkzeuge bewältigen. So gibt es bsph. genügend Baukästen und Standard-Komponenten, mit denen sich das eigene Konzept darstellen lässt, um es zu testen.

Im Bereich der Software-Entwicklung können zudem viele Vorgänge, welche später voll automatisch ablaufen, anfänglich manuell erledigt werden. Dies erzeugt zwar Arbeit, aber viele der Produkteigenschaften können getestet werden, ohne sie vorher aufwändig programmieren zu müssen.

Sowohl für die Methode Pretotype wie auch für die Methode Minimum Viable Product bietet sich der Einsatz additiver Verfahren – Rapid Prototyping, 3D-Printing, Sand Printing, ... – zur zeitnahen Erstellung von Modellen und Mustern.

Sollten die Objekte zu groß, zu klein oder technisch zu komplex für die Präsentation beim Kunden sein, so kann auf Simulationen am Computer oder Virtual Reality Animationen zurückgegriffen werden. Beide Ansätze Materialisierung oder Visualisierung unterstützen den Kunden bei der Bewertung eines Lösungsansatzes und der Formulierung des Feedbacks.

# Methoden zur Gestaltung der Arbeitsinhalte Iteration 4

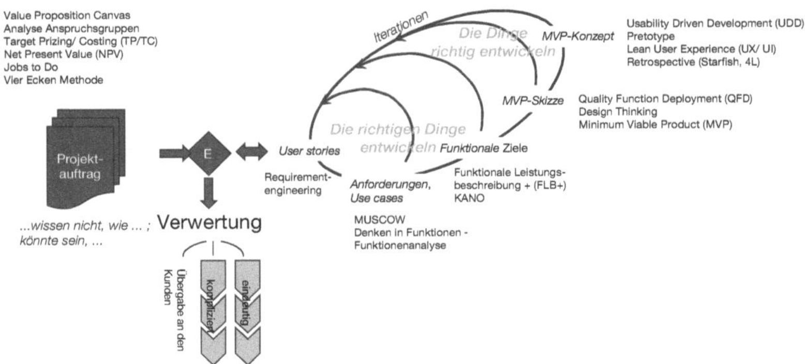


*Abbildung 38 4 Iteration 4- Methoden*

# Usablity Driven Development (UDD)

Usability Driven Development stellt die Benutzbarkeit eines Systems in den Mittelpunkt. Der UDD Entwicklungsprozess ist iterativ und besteht aus neun Phasen und nutzt Ergebnisse aus Iteration 2 und Iteration 3

*Iteration 2*
Phase 5 Testdesign basierend auf den FLB+ Testanforderungen

*Iteration 3*
Phase 1 Planungsspiel
Phase 2 Aufwandsabschätzung
Phase 3 +4 Modell für Funktionen und das Kunden Interface gestalten
und in die MVP-Skizze integrieren.

*Iteration 4*
Phase 6 Entwicklung und testen einer einfachsten funktionierenden
Lösung. – MVP-Konzept
Phase 7 Integration aller Inkremente aus Phase 6 nach erfolgreich
durchlaufen Tests zu einer Gesamtlösung.

Phase 7 Deployment der neu entwickelte Gesamtlösung an den Kunden /
Nutzer.

Phase 8 Usability Test durch den Kunden / Nutzer gegen die gemeinsam
vereinbarte FLB+, um Fehler oder Verbesserungen zu erkennen
und ggf Lösungen dafür zu entwickeln.

     Komplexe Produkte agil und wertorientiert entwickeln

# Pretotype

Die Methoden Minimum Viable Product und Pretotyping verfolgen das Ziel, möglichst frühzeitig und mit geringem Aufwand, Produkte am Markt von den Kunden/ Nutzer testen zu lassen, um Zeit- und Ressourcen-Verschwendung zu vermeiden. Sie unterstützen Unternehmen dabei Erfahrungen zu sammeln, kundenwerte Lösungen rasch und punktgenau zu entwickeln, Fehleinschätzungen und daraus folgend Probleme und Enttäuschungen zu vermeiden.

## Pretotyping

2010 wurde Pretotyping bei Google eingeführt Basis für Pretotyping ist das Pretotyping Manifest:

Innovatoren schlagen Ideen
Pretotypes besiegen Produkttypen
bauen besiegt reden
Einfachheit besiegt Funktionen
jetzt besiegt später
Engagement besiegt Ausschüsse
Daten besiegen Meinungen


Beende nicht, was du angefangen hast
Scheitern ist eine Option
Knappheit bringt Klarheit
je mehr desto unordentlicher
erfinde das Rad neu
Spiel mit dem Feuer

Pretotyping ist der Ansatz, eine Produktidee rasch und kostengünstig zu testen um zu erfassen, ob "wenn wir es bauen, sie es verwenden werden"

Pretotyping bedeutet: Schnell, einfach, unvollständig vor teuer, hochglanzpoliert und voll ausgestattet

Das Ziel eines Pretotype ist es, die Fragen nach Attraktivität und Nutzung des Produkts zeitnah und kostengünstig zu beantworten.

Sowohl für die Methode Pretotype wie auch für die Methode Minimum Viable Product bietet sich der Einsatz additiver Verfahren – Rapid Prototyping, 3D-Printing, Sand Printing, ... – zur zeitnahen Erstellung von Modellen und Mustern oder Simulationen am Computer und Virtual Reality, sollten die Objekte zu groß, zu klein oder technisch zu komplex für die Präsentation beim Kunden sein.

# Lean User Experience (Lean UX)

Lean User Experience – Lean UX – ist speziell darauf ausgerichtet, die für die schnellen iterativen Zyklen agiler Projekte benötigten Informationen und Feedback zu beschaffen. Lean UX kopiert diese Zyklen, damit sichergestellt ist, dass die für Entscheidungen erforderlichen Daten zeitgenau zur Verfügung stehen.

Traditionelles UX vergleicht Anforderungen und Ergebnisse und stellt sicher, dass die Ergebnisse, die Anforderungen so gut als möglich erfüllen. Lean UX dagegen sucht nach Veränderungen, die das Ergebnis und den Kundenwert verbessern.

Schritte und Inhalte
1. Problemaussagen formulieren
2. Thesen definieren (Ergebnisse aus Iteration 1, 2, 3 und FMEA)
3. Thesen verdichten und priorisieren, Risiken nach Tragweite priorisieren
4. Mit Hilfe von Hypothesen die erarbeiteten Thesen testen und bestätigen.
5. Das Minimum Viable Product im Lean UX um die Hauptfunktionalität – Funktionen, Zuverlässigkeit, Einsetzbarkeit, … - eines Produktes zu testen und wertvolle Ergebnisse zu sammeln.
6. Kunden-/ Nutzerinterviews im Lean UX „quick and dirty – schnell und schmerzlos" um erforderliche Daten für die nächste Designschleife zur Verfügung zu stellen.

# Failure Mode and Effect Analysis (FMEA)

FMEA wurde, wie sehr viele andere Methoden in den 1950er Jahren von Zuverlässigkeit-Ingenieuren entwickelt um Risiken, welche aus Fehlfunktionen militärischer Produkte entstehen könnten zu analysieren. Die FMEA ist in vielen Fällen der erste Schritt für eine System-Zuverlässigkeitsbeurteilung. Dazu werden für jede Komponente potenzielle Fehler – Fehlermöglichkeiten, Fehlerfolgen, Fehlerursachen – aufgezeigt, daraus resultierende Risiken bewertet und die Risiken minimierende Maßnahmen gemeinsam mit dem zu treibenden Aufwand festgelegt und in einem FMEA-Datenblatt festgehalten.
FMEA kann als qualitative Analyse ausgeführt oder auf eine quantitative Basis gestellt werden.

FMEA-Arten, Betrachtungsumfang und Ziele:

System-: Wirken von Teilsystemen → funktionierendes (Gesamt-) System

Konstruktions-: Teilsysteme, Systemelemente → einwandfreier Entwurf

Prozess-: Fertigungs-, Montageprozess → einwandfreie Prozesse/ Pläne

# Entscheidungsanalyse

In der Entscheidungsanalyse werden unterschiedliche Lösungen dargestellt und deren Ziel-Erfüllung orientiert an vorab festgelegten Kriterien verglichen und bewertet.

# Retrospektive

Jede Art von Prozessmodell, jede Projektstruktur sieht das Werkzeug der „Lessons Learned" am Ende eines Projekts vor. Die Fragen sind aber immer, Wie soll das geschehen? Wer soll daran teilnehmen? Was geschieht damit? und Wer zieht daraus Nutzen? Kurz gesagt, viele Fragen, wenige sinnvolle Antworten und noch weniger Motivation sich über Lessons Learned oder Le-Le's Gedanken zu machen.

Der alternative Ansatz – die komprimierte Retrospektive

Die Retrospektive bietet dem Team die Möglichkeit, die jüngste Vergangenheit Revue passieren zu lassen, was gut und was etwas weniger gut gelaufen ist zu bewerten, welche der Maßnahmen der letzten Retrospektive umgesetzt wurden und womit das Team die zukünftige Zusammenarbeit verbessern möchte.

## Methoden für die Retrospektive

### Starfish – Seestern-Methode

Die fünf Fragen der Starfish-Methode bezeichnen die fünf Arme des Seesterns und lauten
- start doing –
  ab sofort nutzen
- more of –
  mehr davon
- less of –
  weniger davon
- keep doing –
  weiter machen, nutzen
- stop doing –
  aufhören damit, nicht mehr nutzen

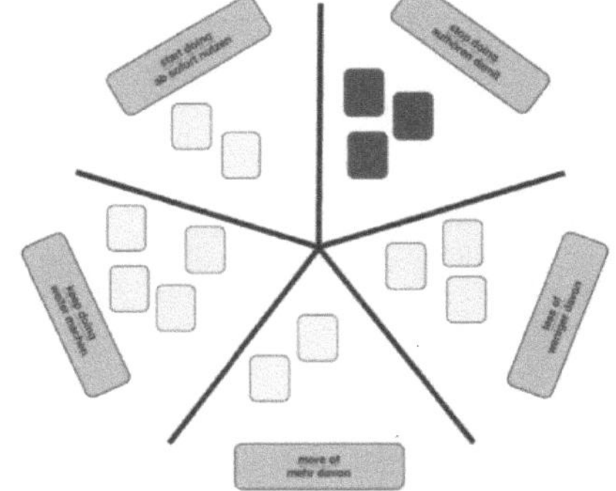

Abbildung 39 Starfish - Retrospektive

Geführt durch die Fragen können die Teilnehmenden über die verschiedenen Aspekte der zurückliegenden Phase Feedback geben. Alle Argumente werden festgehalten und im Seestern-Diagramm visualisiert. Aus den Argumenten werden Maßnahmen abgeleitet und zur Umsetzung vereinbart.

# Die 4 L-Methode

Ein ähnlicher Ansatz wie der der Starfish-Methode, jedoch mit nur 4
Feldern bezeichnet mit
- loved –
  habe ich geschätzt
- learned -
  habe ich gelernt
- lacked –
  habe ich vermisst
- longed for –
  habe ich mir gewünscht

Auch bei der 4L-Methode werden die Argumente festgehalten, zugeordnet und im Diagramm visualisiert. Aus den Argumenten werden Maßnahmen abgeleitet und zur Umsetzung vereinbart.

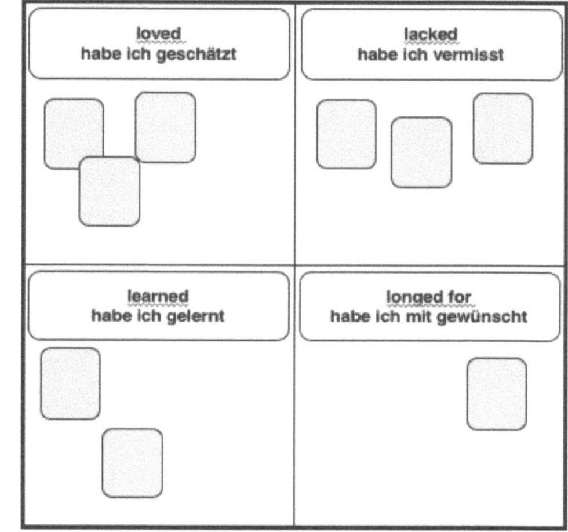


*Abbildung 40 4L - Methode - Retrospektive*

Um das Bild abzurunden, können unabhängig von den beiden Methoden
noch weitere Fragen zum Prozess, Team, Umfeld, ... gestellt werden wie
- Was erwarte ich vom Team/ von Dir?
- Was wünsche ich mir vom Team/ von Dir?
- Was möchte ich ab sofort anders/ besser tun?
- Was waren positive/ negative Momente im letzten ...?
- Was hat Dich/ das Team angetrieben/ gebremst/ behindert?
- Was möchtest Du gerne mal ausprobieren?
- Wie wird unser Team von außen wahrgenommen?
- Welche Skills möchtest Du /sollte das Team verbessern?
- Was wünschst Du Dir vom ... (Rolle)?
- Was nimmst Du/ nehmen wir aus der Retrospektive mit?

# Randbedingungen für den erfolgreichen Einsatz Agiler - wertorientierter Produktgestaltung

## Kriterien für den erfolgreichen Einsatz

Agile - wertorientierte Produktgestaltung
- erfordert Veränderungen in der Projektorganisation eines Unternehmens.
- braucht Vertrauen, Eigenverantwortlichkeit, Verantwortungsbewusstsein.
- benötigt Mitarbeitende mit Fachkompetenz, sozialer, methodischer
  Qualifikation und kommunikativen Fähigkeiten.

## Risiken
Es gelingt nicht
- die Kunden von agiler - wertorientierter Produktgestaltung zu begeistern
- das Management vom Nutzen der Weiterentwicklung der
  Unternehmensorganisation zu überzeugen
- die agile - wertorientierte Produktgestaltung schlank, einfach und
  überzeugend in der Anwendung zu machen

## Chancen
Es gelingt
- Projekte/ Projektumfänge mit einfachen Kriterien als chaotisch,
  komplex, kompliziert, eindeutig zu klassifizieren
- agiles - wertorientiertes Denken durch Einfachheit der Anwendung für
  die Bearbeitung komplexer Probleme interessant zu machen
- das Management für agile – wertorientierte Projektarbeit zu gewinnen.
- den Teammitgliedern ermächtigte Eigeninitiative als Plus „zu verkaufen"

## Ausblick und Konsequenzen

Agile - wertorientierte Produktgestaltung erfüllt die Anforderungen für die Entwicklung sich dynamisch verändernder Zukünftiger Produkte und Technologien. Agile - wertorientierte Produktgestaltung hat das Potenzial zur Gestaltung komplexer Produkte und verhindert, „Entwickler aus alten Technologien" in absehbarer Zeit zu Zusehern an der Seitenauslinie zu machen.

Agile - wertorientierte Produktgestaltung denkt in „Software mit Rädern" denn *„Ohne Software verlieren Unternehmen im Maschinenbau, Automotive, ... das wertvollste Gut, das Sie als verbraucherorientiertes Unternehmen haben: den Zugang zu Ihren Kunden. Ohne Software verlieren sie das Gold des digitalen Zeitalters, die Kundendaten. Ohne Software sind Sie nur das, was ohne diese übrig bleibt, Unternehmen, das Metallkisten mit niedrigem Gewinn montiert. Metallkisten mit niedrigem Gewinn sind eine austauschbare Ware. Der deutschen Industrie droht das Risiko in Zukunft nur noch wertlose Zombies ohne Gehirn (Computer) und Blut (Daten) zu produzieren."*

Literaturnachweis

1)  Piekenbrock, Dirk Prof. Dr.; Gabler Wirtschaftslexikon 2020
2)  Brougham, Greg; The Cynefin Mini-Book An Introduction to
    Complexity and the Cynefin Framework; C4Media, publisher of
    InfoQ.com, 2015
3)  DIN EN 1325-1 2000 Value Management Wertanalyse
    Funktionenanalyse Wörterbuch, Beuth Verlag Berlin
4)  Schwaber Ken, Sutherland Jeff; Der Scrum Guide, Scrum.org 2017

# Der Autor

Harald Grundner managt seit 1985 Projekte und unterstützt Unternehmen im Bereich Entwicklung und Optimierung von Produkten und Dienstleistungen vorrangig mit der Methode Wertanalyse/ Value Management.

Dabei baut er auf sein Studium an der TU Wien, nutzt seine praktische Erfahrung als selbstständiger Konstrukteur, Projektleiter in Entwicklung und Bau von Strahltriebwerken und sein Beratungswissen aus Projekten bsph. in der Luftfahrt, im Bereich Automotive, der Medizintechnik, im Maschinen– und Anlagenbau und im Dienstleistungsbereich.

Neben seiner Tätigkeit als Berater und Projektleiter vermittelt er Wissen und Erfahrungen in Trainings und Seminaren.

Sein Wissen und seine Erfahrung hat er auch in Richtlinien zu Projektmanagement VDI RiLi 6600 Bl 1 und Bl 2 und Wertanalyse VDI RiLi 2800 Bl 1 und Bl 2, und Ingenieur-Dienstleistungen VDI RiLi 4510 des Vereins Deutscher Ingenieure VDI eingebracht, die er teils als Richtlinienobmann geführt, teils als Mitglied des Richtlinien-Ausschusses unterstützt hat.

Seit 1988 ist er Wertanalyse Lehrbeauftragter des VDI, seit 2002 Trainer in Value Management nach EN 12 973 und Wert für Europa und seit 2000 Trainer in Projektmanagement.

**Harald M. Grundner-innoVAVE**

Harald M. Grundner

Schulstrasse 35      D 68766 Hockenheim

Tel Arbeit:                +49 6205 287971

Tel Mobil:           +      49 172 62 62 405

e-mail:              h.grundner@innovave.de